李红萍 / 编著

中老年人
轻松玩转
智能手机
APP篇

清华大学出版社

北京

内 容 简 介

本书从中老年朋友使用智能手机的实际需要出发，采用图文并茂的方式进行讲解。中老年朋友只需按书中的步骤进行操作，即可快速掌握智能手机的使用方法和技巧，避免在使用过程中走弯路。

本书包含了"选手机，什么手机最合适""学操作，手机功能会使用""学打字，相隔再远没问题""聊微信，生活不仅靠文字""会网购，在家轻松选商品""买理财，手机理财种类多""去旅行，美好风光要记录""享生活，闲暇时光好打发"以及"保健康，身体随时可监控"等内容，力求全面解决中老年朋友在使用智能手机的过程中遇到的问题。本书浅显易懂，适合初步接触智能手机的中老年朋友阅读。

图书在版编目（CIP）数据

中老年人轻松玩转智能手机．APP篇／李红萍编著．--北京：清华大学出版社，2020.7
　　ISBN 978-7-302-55384-7

Ⅰ．①中… Ⅱ．①李… Ⅲ．①移动电话机－中老年读物 Ⅳ．①TN929.53-49

中国版本图书馆CIP数据核字(2020)第068526号

责任编辑：陈绿春
封面设计：潘国文
责任校对：徐俊伟
责任印制：丛怀宇

出版发行：清华大学出版社
　　　　　网　　　址：http://www.tup.com.cn，http://www.wqbook.com
　　　　　地　　　址：北京清华大学学研大厦A座　　邮　　编：100084
　　　　　社 总 机：010-62770175　　　　　　　　邮　　购：010-62786544
　　　　　投稿与读者服务：010-62776969，c-service@tup.tsinghua.edu.cn
　　　　　质 量 反 馈：010-62772015，zhiliang@tup.tsinghua.edu.cn
印 装 者：三河市龙大印装有限公司
经　　销：全国新华书店
开　　本：140mm×214mm　　　印　　张：12　　　字　　数：298千字
版　　次：2020年7月第1版　　　印　　次：2020年7月第1次印刷
定　　价：59.00元

产品编号：065162-01

前言

随着移动互联网的快速发展和智能手机等移动设备的普及，各种手机软件也变得越来越流行。从社交到娱乐、从旅游到购物、从阅读到养生，这些都可以在智能手机中通过 APP 实现。由于生活方式的改变，许多中老年朋友也加入了使用智能手机的行列中。

对于中老年朋友来说，学会使用智能手机，能够为生活提供很多便利。例如，可以和在外地工作的孩子视频通话；可以和多年未见的朋友语音聊天，聊一整天也不用担心话费的问题；可以每天都抢红包抢得不亦乐乎；可以看朋友圈、发动态，乐在其中；可以用手机在网上购物，不用到处逛店铺买东西；可以用手机缴纳各种费用，不用再去银行或缴费点排队……

智能手机给中老年朋友与家人联系提供了方便，也丰富了他们单调的生活，使他们不再感到孤独寂寞！然而，大部分中老年朋友对智能手机的许多功能和使用技巧还不熟悉，对于智能手机在实际生活中的应用更是一知半解。本书就是专为中老年朋友编写的智能手机使用教程，教他们如何使用智能手机，如何用好智能手机。

本书一共 9 章，对于中老年朋友在使用智能手机过程中可能会遇到的各种问题都尽可能进行了详细解答。

第 1 章讲解智能手机的选购方法，包括智能手机的选择、安卓手机和苹果手机的区别、智能手机的基本操作、如何开通手机流量套餐、手机卡的安装与取出等内容。

第 2 章讲解智能手机的基本功能，包括声音、亮度和显示的调整方法，日历、天气、拍照、录像、小工具软件、应用商店等的使用方法等。

第 3 章讲解如何使用智能手机打字聊天，包括百度与搜狗输入法的区别以及保存电话号码、发送短信、备份电话号码等内容。

第 4 章讲解微信的使用方法，包括注册微信账户、微信聊天、分享朋友圈、应用公众号和使用微信钱包等的方法。

第 5 章讲解手机网购的方法，包括手机淘宝、京东购物、选购网上商品、商品物流与售后、手机支付等内容。

第 6 章讲解用智能手机理财的方法，包括支付宝理财、保险理财、购买黄金、购买定期和活期理财、基金理财等内容。

第 7 章讲解用智能手机安排旅游出行的方法，包括用手机预定火车票和飞机票、选择酒店、滴滴出行、用美颜相机拍照和录像等内容。

第 8 章讲解用智能手机进行娱乐的方法，包括查看新闻、看电视、听音乐、玩 QQ 游戏等内容。

第 9 章讲解用智能手机监控身体健康的方法，包括网上问诊、网上预约挂号、查询养身菜谱、手机计步、调节作息时间等内容。

学会使用智能手机，不仅能妥善解决当前的很多生活问题，而且还会给生活带来更多的转变和惊喜，让生活变得更加美好！

本书由李红萍编著，参加编写的还包括：陈志民、申玉秀、李红艺、李红术、陈云香、陈文香、陈军云、刘清平。

作者

2020 年 2 月

第 1 章　选手机，什么手机最合适

第 2 章　　学操作，手机功能会使用

第 3 章　　学打字，相隔再远没问题

第 5 章　会网购，在家轻松选商品

第 6 章　买理财，手机理财种类多

第 7 章　去旅行，美好风光要记录

第 8 章　享生活，闲暇时光好打发

第 9 章　　保健康，身体随时可监控

第 1 章

选手机，什么手机最合适

 内容摘要

智能手机好在哪

屏幕、声音比一比

安卓手机和苹果手机选哪个

发票收好防上当

基本操作要会用

滑动解锁

　　手机更新换代的速度越来越快，新鲜、有趣的玩法也越来越多。对年轻人来说，不论是工作还是和亲友的交流，电话和短信都不再是主要手段，"微信联系""电话说不清，我们用视频看吧"成为大家的口头禅。为了方便和孩子们的交流，所谓的"老人机"已经不能满足父母的需求，他们也逐渐学会了使用智能手机上网、聊天和娱乐。

　　智能手机品种繁多，所以我们在给父母买手机的时候也需要注意。对于父母来说，由于智能手机的功能比以前的普通手机多很多，因此选择智能手机时需要选择屏幕尺寸合适、容易操作的机型。

智能手机

　　本章将详细讲解智能手机的选购方法，帮助父母选择合适的手机。

1.1　智能手机好在哪

其实，智能手机不仅具有"老人机"的所有功能，还有"老人机"不能比拟的优势。在外形方面，智能手机更加大方、美观；在屏幕显示方面，智能手机的分辨率更高，屏幕更大、更清晰；在应用方面，智能手机能安装更多的软件，为生活带来便利。不过，如果想买到价廉物美又称心如意的智能手机，中老年朋友还是需要用心准备、考虑周全。

1.2　屏幕、声音比一比

正因为目前市场上的智能手机种类繁多，很容易让人挑花眼，所以，中老年朋友在选择手机时一定要比较一下每一款手机的特色，然后再挑选出自己满意的智能手机。

1.2.1　根据屏幕选择手机

中老年朋友随着年纪的增长，身体逐渐衰老，慢慢会出现眼花的情况，导致在近处看小字十分费力。大屏幕手机比起小屏幕手机，在看文字、电视、电影时会有更好的视觉体验。所以，为了自己能更好地看清楚手机屏幕上的文字，最好选购大屏幕的手机。因为手机本身的屏幕够大，在同样将文字、图标放大的情况下，大屏幕手机显然能够看到更多的文字。

不同的屏幕大小，意味着机身大小的不同（图 1-1）。

所以手机屏幕也不是越大越好，屏幕越大，机身也会随之变大、变重，导致不方便携带。因此，大家在选择手机时，最好直接去实体店体验，根据自己的手型、需求等，选择一个重量、大小都趁手的。

图 1-1

1.2.2　根据声音选择手机

考虑好了屏幕大小，还需要考虑手机的声音大小、清晰度等因素。年龄比较大的中老年朋友可能听力不是太好，但无论是铃声、通话、看电视都离不开声音。一款好的手机，除了声音可以调节的幅度比较大以外，清晰度应该也是比较高的，至少不会存在杂声。

在选择手机的时候，千万不要图便宜去选择一些小品牌或杂牌的手机。这些手机虽然声音大，但是对听力的损害也会比较大。除了几个比较大的品牌（图 1-2）可供参考外，大家也可以要求销售人员通过播放音乐等方式，亲身验证声音是否符合自己的需求。

图 1-2

> **小提示**
>
> 　　在选择手机时，还需要考虑手机待机时间的长短。很多中老年朋友在体验智能手机之后纷纷反映"电用得太快了，充电很麻烦"，为了避免这种情况的发生，应该尽可能地选择电池容量大的手机。尤其是考虑到屏幕越大，耗电越快的情况，在选择大屏幕手机时更应该注意电池容量。例如在选定同为 5.0 英寸[①]屏幕手机的情况下，有一款手机电池容量为 2300 毫安，另一款电池容量为 3500 毫安，那么后者的待机时间应该会更长。

1.3　安卓手机和苹果手机选哪个　　　　➕

　　目前市场上智能手机的主流系统有安卓和苹果（iPhone）

――――――――――
① 　1 英寸 =2.54 厘米

的 iOS（苹果手机）两种，还有微软的 Windows 系统（常见于诺基亚等品牌）。其中安卓手机在中国中老年人使用市场上占主流，例如华为、OPPO、三星、小米、联想等知名品牌手机中使用的系统都是安卓系统或基于安卓系统的定制化系统，其系统标志为一个绿色的小机器人（图 1-3）。

　　安卓系统手机的优势在于兼容性好，简单来说就是能够安装多种多样的软件；而 iPhone 手机则是高品质、用户体验好的代表。iOS（苹果手机）系统运行流畅、安全性极高，基本上不会出现手机运行速度慢、手机中病毒的情况。iPhone 手机的标志为一个"咬掉一块的苹果"（图 1-4）。二者各有优势，那么该如何选择呢？

图 1-3　　　　　　　　　　图 1-4

 1.3.1　根据扩展存储项选择

　　无论是安卓手机还是 iPhone 手机，其最基本的功能就是打电话、发短信、上网，可以安装并顺畅运行一些主流的软件，这些软件的安装都需要占用一定的手机内存才能运行畅通。目前市场上常见手机的内存一般为 16GB、32GB、

64GB、128GB 以及 256G 等，大的存储容量可以存储更多的照片、视频、歌曲、小说、电视剧、电影等。

　　iPhone 手机不能扩充存储空间，其固定容量一般为 16GB ～ 256GB。而安卓手机的双卡槽中有一个卡槽可以放置手机存储卡，对手机的存储空间进行扩充。存储卡的容量不同，价格也有所差异。图 1-5 和图 1-6 是不同存储容量的存储卡。

图 1-5　　　　　　　　　　　　图 1-6

1.3.2　根据价格选择

　　iPhone 就是平时所说的苹果手机。一般 iPhone 的型号相同而存储空间不同，其价格差异较大。例如 Apple iPhone 8 Plus 系列手机，64GB 的价格为 5399 元（图 1-7），而 256GB 的价格为 6899 元（图 1-8）。

Apple iPhone 8 Plus (A1864) 64GB 金色 移动联通电信4G手机

Apple iPhone 8 Plus (A1864) 256GB 金色 移动联通电信4G手机

图 1-7

图 1-8

而安卓手机一般分为三档，一是千元机，价格在 1000 元左右，有华为荣耀 9 青春版、小米红米 5（图 1-9）、魅族魅蓝 S6 全面屏手机等；二是中档手机，价格在 1400 ~ 2500 元，有 vivo Z1 极光特别版、小米 8SE 全面屏智能手机（图 1-10）、荣耀 V10 全网通、华为麦芒 6 等；三是高档手机，价格一般在 3000 元以上，有华为 P20 Pro（图 1-11）、小米 8 全面屏游戏智能手机等。大家可以根据自己的经济状况和需求选购不同价位的手机。

现在大多数安卓手机和最新的 iPhone 都支持双卡双待，如果你有两个电话号码，可以选择它们，毕竟不用出门带两个手机了（图 1-12）；如果就有一个电话号码，用另外一个卡槽进行存储空间扩充也不错（图 1-13）。

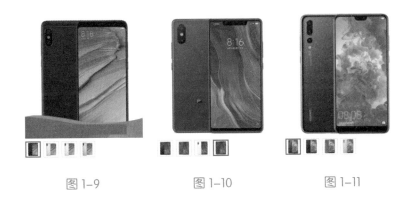

图 1-9   图 1-10   图 1-11

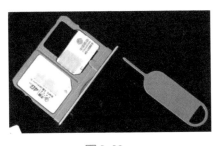   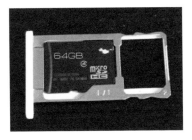

图 1-12   图 1-13

 1.3.3   根据卡槽数量选择

在使用双卡双待的手机时，可以通过"双卡管理"功能管理手机卡（sim 卡）（图 1-14）。在管理手机中的 sim 卡时，可以将一张 sim 卡设为工作电话号码，另一张 sim 卡则设为私人电话号码。

图 1-14

1.4 发票收好防上当

现在不少中老年朋友在购买手机时，为了少花钱或多要一些手机配件，会选择不索取发票，导致手机出现问题需要退换货或维修时，商家以无发票为借口不给保退或保修，还要自己花钱维修。因此中老年朋友在购买手机后，一定要记得索取发票（图 1-15），切莫贪图小便宜。如果手机出现需要退货或维修等问题时，通常都需要以发票为相应的凭据。

手机的保障起始日期是购机日（以购机发票为准），如因质量问题或故障，凭厂商维修中心或特约维修点的质量检测证明，享受 7 日内退货，15 日内换货，15 日以上在质保期内享受免费维修的三包服务，保修期一般为主机 1 年，充电器 1 年，有线耳机 3 个月。

图 1-15

1.5　基本操作要会用

　　很多中老年朋友在初次使用智能手机时都会有各种各样的疑问，例如手机应该怎么开机？触屏怎么使用？应该怎么上网？怎么连接无线网络等。本节将针对这些疑问进行详细讲解。

1.5.1　简单操作易学会

现在市场上的智能手机品牌众多，但是每种手机的操作方法都是大同小异的。

1. 开关机和按键操作

不论是什么品牌的手机，机身侧面的按键都有电源键和音量键，不同的按键其功能也不相同。

● 电源键

电源键的作用是开关机和点亮或关闭屏幕，它一般是一个比较短的条形按键▨（图 1-16）或是一个带有电源图标的圆形按键，按压一下就能点亮屏幕或关闭屏幕，长按电源键就能开机或关机。

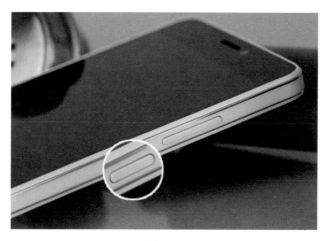

图 1-16

开机时只需按住电源键，直到屏幕点亮为止；如果想关机，安卓系统的手机只需要长按电源键，然后手机屏幕会出现关机选项，再点击"关机"即可。iPhone 手机同样要长按电源键，然后手机屏幕会出现"滑动来关机"字样，摁住带有电源标志的滑块，向右滑动即可关机。

● **音量键**

手机机身侧面最长的按键一般就是音量键，按靠近上方的部分加大音量，按靠近下方的部分则减小音量。iPhone 手机的音量键是两个圆形带有加、减号的按键，按 + 按键就是增大音量，按 − 按键是减小音量（图 1−17）。

图 1−17

● **主屏键**

按主屏键（图 1−18）能快速返回主界面，其图标为 🏠 或 ▭。iPhone、魅族、OPPO 等有实体主屏键的手机，一般都只有按键而没有图标。按下主屏键就能回到主界面或者点亮屏幕并回到主界面。

图 1-18

● **返回键**

返回键的图案一般是一个向左的箭头，如 🔄 （图 1-19 ）。
点击返回键就能返回上一步操作或上一个操作的软件。

图 1-19

● **菜单键**

菜单键的图案一般是并列的三条横线，如 ☰。点击菜单键可以调出应用菜单，根据不同软件其功能不同，菜单项也有所差异。

2. 手机触屏操作

智能手机采取的是触屏操作，也就是用手指触摸屏幕操作手机。很多中老年朋友都是第一次使用智能手机，那么需要先学会以下几种常用的智能手机触屏手势。

● 点击

点击手势就是利用手指触碰一下手机屏幕（图 1-20），智能手机上的大部分操作，例如打开一个软件或执行某个命令都是通过点击来实现的。

● 按住

按住手势是将手指放在手机屏幕上超过两秒，这个手势主要用来调出选项菜单，例如某些软件在界面空白处长按可以调出菜单；长按一些条目也可以弹出菜单，例如当需要转发短信时，在短信对话界面长按短信内容，就会弹出菜单，菜单中通常会有"转发""复制"等选项（图 1-21）。

● 滑动

滑动手势是利用手指在屏幕上移动，当手指从屏幕顶部边缘向下滑动时，会出现通知栏；当手指左、右滑动时可以切换桌面；当手指在设置界面中上下滑动时可以查看更多的选项。

图 1-20

图 1-21

● 拖动

　　拖动手势是按住手势和滑动手势的组合，常用于对桌面"小组件"或者"图标"进行位置调整，也用于进度定位，例如播放音乐或者视频时，需要经常拖动进度条。如果要将图标、缩略图或预览图移至新位置，将其点住并拖至目标位置即可。

● 双击

　　双击手势是在短时间内连续点击屏幕两次，主要用于快速缩放显示内容，例如浏览图片时快速放大，再次双击可以恢复原始尺寸；浏览网页时，对文章正文部分双击，可使文字适应屏幕尺寸显示；某些视频播放器通过双击可切换至全屏模式。

1.5.2 双手操作很灵敏

　　有的智能手机屏幕尺寸较大，不容易做到单手操作，需要双手进行操作。可以双手托着手机用大拇指进行操作（图1-22），或用一只手拖着手机，再用另一只手点击屏幕。对于中老年人建议使用双手操作，一方面可以分担手机重量的压力，另一方面避免频繁使用同一根手指，造成手指关节负担过重。

图 1-22

　　在屏幕显示内容较多时，手机屏幕往往无法将所有内容同时显示出来，这时就需要通过拉动屏幕将隐藏的内容显示出来。将手指放在手机屏幕上（放在哪个位置都可以），手指向上滑动即可将屏幕下方的画面拉上来，手指向下滑动就能将屏幕中的画面向下拉。

1.5.3　开通流量有套餐

智能手机的功能非常强大，通过手机网络可以在手机中用 QQ 或者微信与家人或朋友视频或语音聊天；通过智能手机订购火车票、飞机票；还可以通过手机网络倾听音乐、观看视频等。

很多中老年朋友在购买了智能手机后，因为分不清哪些软件要使用网络流量，经常导致出现话费超支的情况。因此中老年朋友在使用智能手机上网之前，需要先给手机开通数据流量套餐，这样才能更实惠地使用手机上网。

在办理手机卡业务时，需要带上自己的有效身份证件（身份证等）（图 1-23）到当地的手机营业厅去办理适合自己的流量套餐，且在办理时，要问清楚月租多少钱，有哪些服务如果不使用是可以取消的，哪些是必须使用的服务，开通哪种流量套餐最划算等。

图 1-23

手机上网一般有通过移动数据网络上网和通过 WiFi 上网两种方式。其中，通过移动数据网络上网要向通信公司（移动、联通、电信）购买上网的流量套餐或包月套餐。如果是用 2G 上网，则费用比较低，但是网速非常慢。如果用 3G 或 4G 上网，速度较快，但费用较高。不过，现在各个通信公司都有很多优惠的流量套餐，中老年朋友可以根据每月使用的流量情况，选择适合自己的流量套餐。

　　在开通数据流量套餐时可以选择直接去手机营业厅（图 1-24）进行办理，相关的工作人员会帮助办理流量套餐。另外，也可以拨打相应运营商的客服电话，按照语音提示进行办理；还可以在网上营业厅办理。流量套餐一般是按月收费的，如果超出套餐的范围就要额外付费。

图 1-24

　　在为手机开通流量套餐后，还需要在手机中开启上网功能，其方法有以下两种。

1. 通过通知栏开启

　　在手机屏幕的顶部向下点击并拖动，出现通知栏界面，点击"4G"和"移动数据"图标（图 1-25），使其高亮显示（也就是用鲜艳的颜色显示），就开启了手机的移动数据上网功能。

图 1–25

2. 通过设置开启

通过手机中的设置界面，也可以开启移动数据网络。

01 在智能手机桌面上点击"设置"图标（图1-26）。

02 在"设置"界面中点击"更多"选项（图1-27）。

03 在"更多"界面中，如果要开启数据网络，点击"启用4G"右侧的按钮。4G是集3G与WLAN于一体的，并能传输高质量视频图像，它的图像传输质量与高清晰度电视不相上下。然后点击"移动网络"选项（图1-28）。

04 在"移动网络"界面中点击"移动数据"选项右侧的按钮（图1-29），完成移动网络数据的开启设置。

图 1-26

图 1-27

图 1-28

图 1-29

小提示

在使用完移动网络后应及时将其关闭，防止出现流量"偷跑"的情况。

 1.5.4　无线连接很方便

家庭宽带网络一般以年为单位计费，当家庭开通宽带网络后，可以通过无线路由器开启无线网络（WiFi），这样不仅能用电脑上网，手机同样也能用到免费、高速的无线网络。所以，大多数中老年朋友为了节约手机的数据流量费用，并体验无线网络上网的高速度，都会将手机连接到无线网络，既省心又省钱。

1. 连接无线网络

无线网络可以通过手机的"设置"功能连接。

01　在智能手机桌面上点击"设置"图标，进入"设置"界面，点击WLAN选项（图1-30）。

02　在WLAN界面中点击右侧的 ⬭ 按钮（图1-31）。

03　开启WLAN网络后，在可用WLAN列表中，点击需要连接的WiFi网络，这里点击"TP-LINK_AA3078"（图1-32）。

04　在TP-LINK_AA3078界面中点击密码文本框显示输入界面，输入WiFi密码，点击"连接"按钮（图1-33）。

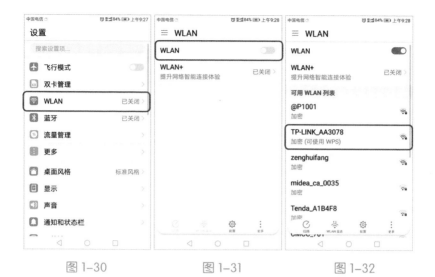

图 1-30   图 1-31   图 1-32

05 开始连接WiFi，稍后在可用WLAN列表中显示WiFi已连接（图1-34）。

图 1-33

图 1-34

> **小提示**
>
> 　　如果不知道家里的无线网络名称，可以通过查看无线网络信号的强度，信号最强的应该就是自己家的无线网络（WiFi）。

2. 连接无线网络注意事项

　　中老年朋友在连接无线网络时应该注意一些事项，以免出现手机里的信息和账号被盗取的情况。

- 在不使用无线网络时，最好将无线网络关闭，避免连接到黑客的"钓鱼"网络。

- 使用公共无线网络前，要先与所在场所的工作人员确认无线网络的真实性和安全性，认真核对无线网络名称和密码，不要使用未得到确认或不清楚来源的无线网络。

- 在连接无线网络的情况下，尽量少使用"网银"或者"转账"业务，如果需要进行此类操作，建议切换到手机移动数据网络下操作，这样会更安全。

3. 忘记 WiFi 密码怎么办

　　如果别人想连接自己家里的 WiFi，但是自己又忘记了密码该怎么办？此时可以在手机的"设置"界面中，点击 WLAN，然后在 WLAN 界面中点击自己家的无线网络名称，此时会显示一个二维码（图 1-35），用他人的手机扫描这个二维码就可以自动连接了。

图 1-35

【小技巧】安装和取出手机卡

　　手机卡（sim 卡）是用户身份识别卡、智能卡，手机必须装上此卡方能使用。手机卡一般包含标准卡、小卡和微型卡三种（图 1-36）。如果手机匹配的手机卡是小卡或微型卡，可以在手机店或手机营业厅让店员帮忙将卡剪小。

图 1-36

　　中老年朋友在购买手机后，需要在手机中安装手机卡才能打电话、发信息、用流量上网。由于手机的品牌众多，安装手机卡的方式也略有不同。现在的手机插卡方式一般可分为两种情况：一是手机后盖可以打开，将手机卡放在其中相应的卡槽中；二是手机后盖不能打开，手机的顶部或两侧设置一个卡槽，然后将手机卡放在卡槽中，下面分别介绍。

1. 通过手机后盖插入

01　关闭手机，在手机背面找到打开后盖的缺口，沿着箭头方向打开其后盖（图1-37）。

02　拿出电池，将手机卡金色的一面朝下，插入卡槽中（图1-38）。

图 1-37 　　　　　　　　　　　　　　　　图 1-38

03　安装回电池，关闭手机壳，完成手机卡的安装操作。

小提示

在插入手机卡时，请将其和存储卡正确插入卡槽，以免手机无法识别；请使用标准的手机卡，插入非标准手机卡可能会导致手机卡槽损坏。手工剪卡为非标准卡，请尽量避免使用。

2. 通过手机顶部或两侧卡槽插入手机卡

有些手机的卡槽设置在手机的顶部（图 1-39）；而有些手机则是将卡槽放在手机的右侧或左侧（图 1-40）。

图 1-39

图 1-40

虽然手机的卡槽位置不同，但是其插入的方法是一样的，具体操作步骤如下。

01 首先关闭手机，把取卡器插入手机一侧的圆形小孔中，用力向内按压（图1-41）。

02 手机卡的卡托会自动弹出（图1-42）。

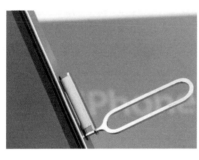

图 1-41　　　　　　　　　　图 1-42

03 取下手机卡托，放入手机卡，确保正确放入手机卡槽后，再安装到手机中即可（图1-43）。

图 1-43

3. 取出手机卡（有后盖的手机）

　　为了方便取卡，一般在设计手机时会在卡槽底部设计一个很贴心的推卡槽。在取出手机卡之前请先关闭手机，使用圆珠笔沿箭头方向推出手机卡，然后用拇指按压手机卡外露部分并向外滑动，手机卡即可轻松取出（图1-44）。

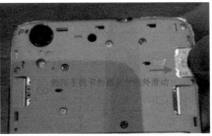

图 1-44

第 2 章

学操作，手机功能会使用

 内容摘要

基础功能在"设置"

自带软件能自学

滑动解锁

　　或许是因为孩子不在身边，又或是不愿打扰他们的工作，中老年朋友都不太愿意让孩子教自己使用智能手机。其实，智能手机的使用并没有一些中老年朋友所想象的那样困难，只需要跟着操作步骤循序渐进地进行，自学操作完全是可以实现的。

智能手机的常用功能

本章将详细讲解智能手机中常用功能的操作方法。

2.1　基础功能在"设置" ⊕

　　相比非智能手机传统的打电话、发短信功能，智能手机拥有了更丰富和实用的"生活技能"，但也正因为更加多样的功能，更多人性化的可以自行调整的设置，导致了中老年朋友感觉无从下手。不用着急！第一个要搞清楚的，就是如何把手机调整得更适合自己使用。

 2.1.1　声音、亮度和显示

随着年龄的增长，大部分中老年朋友的眼力、耳力都无法与年轻人相比了。手机默认设置的声音大小、屏幕亮度、图标和文字的大小，可能都不太适合自己。看不清、听不真，又怎么能够更好地使用更多的功能呢？

1. 设置声音

声音大小，又可以简称为"音量"。手机来电话有铃声音量、通话有通话音量，听音乐、看电影等也有音量，这些统统可以根据自己的情况来设置。

● 调整音量

这些音量都可以通过"设置"调整。

01 在智能手机桌面上点击"设置"图标（图2-1）。

02 在"全部设置"界面中点击"声音"选项（图2-2）。

03 在打开的界面中，可以看到一系列的声音设置选项，在这里点击"音量"选项（图2-3）。

04 进入"音量"界面后，出现"铃声""媒体""闹钟""通话"4个音量条（图2-4）。所谓"铃声"，就是指来电话时的铃声的大小。按住"铃声"音量条的白点，向右拉动则放大，反之则缩小，松开白点后，手机会播放一次现在的铃

声，让我们感受现在的音量是否合适。

　　　　图 2-1　　　　　　　　　图 2-2　　　　　　　　　图 2-3

05　除此之外，还可以直接通过手机右侧的长条按键调整
　　　铃声大小（图2-5），按靠近上面的部分可以增大音量、
　　　按靠近下面的部分可以减小音量。值得注意的是，每按
　　　一次都是均匀增减音量，而按住不放可以增加到最大或
　　　减少到最小音量。

小提示

　　媒体音量是控制音乐、电影等应用软件播放声音大小
的。闹钟音量，顾名思义是控制设置的闹钟铃声大小的。
而通话音量，则是接通电话后控制听到对方说话的音量大
小的。音量并非越大越好，过大的音量可能会损伤听力，
因此，调整音量要选择合适的范围。

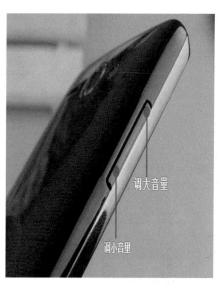

图 2-4　　　　　　　　　　　图 2-5

● 设置手机系统声音

在手机的"声音"界面中，可以对智能手机的拨号键盘音、触摸提示音、锁屏提示音、截屏提示音等系统声音进行设置。

01 在"声音"界面中，如果需要开启手机系统的各种提示声音，则可以根据需要点击"系统"选项组下的"拨号键盘音""触摸提示音""锁屏提示音""截屏提示音"和"触摸时振动"右侧的 ⬤▭ 按钮（图2-6），当按钮呈高亮显示时，则开启了各种系统声音；当按钮呈灰色显示时，则关闭了相应的系统声音。

02 如果要设置紧急提示音，则在"声音"界面底部点击"紧急提示音"，则出现"关闭""警报""振动"3个按钮（图2-7）。所谓"紧急提示音"，是用来提醒手机电量过低或手机温度过高的报警提示声音，点击各选项右侧的 ⦿

按钮，当按钮呈高亮显示时，表示选中该选项；当按钮
呈灰色显示，表示不选中该选项。

图 2-6

图 2-7

小提示

　　拨号键盘音是电话拨号时拨号键盘的按键声音；触摸
提示音是手机屏幕触摸时的声音；锁屏提示音是屏幕锁屏
时的声音；截屏提示音是在手机中截屏时发出的声音；触
摸时振动是触摸屏幕时手机是否会振动。

● **选择手机铃声**

　　手机铃声是个人喜好的一种体现。设置手机来电铃声可
以在"声音"界面中进行。

01 在"声音"界面中点击"卡1来电铃声"或"卡2来电铃声"选项（图2-8）。

02 打开"铃声选择"界面，默认在"铃声"选项卡中点击需要选择的铃声右侧的 ◉ 按钮，然后点击屏幕右上角的√按钮（图2-9），完成铃声的选择。

03 如果需要选择手机中下载的音乐作为手机铃声，则可以在"铃声选择"界面中点击"音乐"选项卡，在其中点选需要选择的铃声右侧的 ◉ 按钮，然后点击屏幕右上角的√按钮，完成铃声的选择（图2-10）。

图2-8

图2-9

图2-10

小提示

在设置手机铃声时，如果需要在响铃的同时使手机带有振动提示，可以在"声音"界面中点击"响铃时振动"右侧的 ⬤ 按钮，使其按钮呈高亮显示即可。

2. 调整手机屏幕显示

中老年朋友在使用智能手机时，如果觉得文字太小，看不清楚，则可以将文字调大；如果觉得屏幕颜色看着不舒服，则可以调整屏幕的色温；如果想随时随地可以看到喜欢的照片，则可以将喜欢的照片设置为壁纸。

● 调整手机亮度

手机屏幕具有一定的辐射性，为了保护好我们的眼睛，在使用手机时，最好将手机屏幕亮度调整到合适的范围，避免过亮或过暗。

01 在智能手机桌面上点击"设置"图标，打开"常用设置"界面，找到并点击"亮度"选项（图2-11），出现"亮度"对话框（图2-12）。

图 2-11　　　　　　图 2-12

02 所谓"亮度"，就是指手机屏幕的明暗度。按住控制条的白点，向右拖动调亮，反之则调暗。如果需要自动调整手机亮度，则可以点击"自动调整亮度"左侧的 ⊘ 按钮。

● 调整文字显示尺寸

随着年龄的增长，可能会出现视力不好，看不清手机屏幕的情况，中老年朋友常常需要佩戴老花眼镜才能流畅使用手机。为了能让中老年朋友看清手机上的字，可以将手机屏幕上的文字显示尺寸调大。

01 在手机桌面上点击"设置"图标，打开"全部设置"界面，点击"显示"选项（图2-13）。

02 出现"显示"界面，点击"字体大小"选项（图2-14）。

图 2-13　　　　　　　　图 2-14

03 在出现的"字体大小"对话框中包括"小""标准""大""超大"和"特大"5个按钮（图2-15）。所谓"字体大小"，就是用来调整屏幕中文字显示的大小，点选"特大"选项右侧的 ◉ 按钮，当按钮呈高亮显示时，可以将文字调整到最大的显示尺寸（图2-16）。

图 2-15　　　　　　　　　　　　　图 2-16

● 调整屏幕色温

　　有些中老年朋友在使用智能手机时，会发现手机屏幕有发黄或发蓝的现象，就以为是自己没有看清，或者以为手机屏幕的显示质量不好。其实并非如此，出现这种情况，是因为中老年朋友没有把手机屏幕的色温调整到适合自己的状态，只需要重新调整屏幕的色温就可以解决这个问题了。

01　在智能手机桌面上点击"设置"图标，打开"设置"界面，点击"显示"选项，出现"显示"界面，再点击"色温"选项（图2-17）。

02　此时出现"色温"对话框（图2-18），按住控制条的白点，向右拖动将色温调至"锐丽"（冷色调），反之则将色温调至"柔和"（暖色调）。

图 2-17　　　　　　　　　　图 2-18

小提示

　　目前市场上智能手机屏幕的色温大致可分为冷屏和暖屏两种。冷屏的颜色更鲜艳，对外表现为偏白、偏蓝；暖屏的颜色更柔和，对外表现为偏黄、偏红。

● 设置屏幕壁纸

　　有的中老年朋友很喜欢在旅游的时候拍摄美丽的风景，将拍摄的风景设置为自己手机的"壁纸"，只要打开手机屏幕就可以看到，设置壁纸的操作步骤如下。

01 在智能手机桌面上点击"设置"图标，打开"设置"界面，点击"显示"选项，出现"显示"界面，再点击"壁纸"选项（图2-19）。

02 此时出现"壁纸"界面，点击"锁屏壁纸"文字（图2-20）。

图 2-19

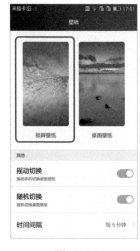

图 2-20

> **小提示**
>
> 　　"壁纸"包括锁屏壁纸和桌面壁纸两种。其中，锁屏壁纸是指手机解锁前显示的背景图片；而桌面壁纸则是手机桌面上显示的图片。

03 出现"锁屏壁纸"对话框，点击"使用其他壁纸"选项（图 2-21）。

04 出现"锁屏壁纸"界面，并显示了多张壁纸图片（图 2-22）。

05 选择一张自己喜欢的壁纸图片，进入壁纸预览界面。如果对选中的壁纸比较满意，则可以点击屏幕右上角的 √，完成对壁纸的设置（图2-23）。

图 2-21

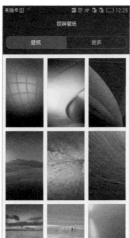

图 2-22

图 2-23

小提示

在设置壁纸时，如果需要设置壁纸的自动切换效果，则可以在"壁纸"界面中，点击"摇动切换"和"随机切换"右侧的 ⬤ 按钮，开启摇动切换和随机切换效果（图 2-24）。

图 2-24

◖ 2.1.2　日历、天气可多变

智能手机中自带"日期"和"天气"功能，中老年朋友可以很方便地查看日期、节气和天气等情况，以确认今天是否适合出门。

查看并设置日历

很多中老年朋友每天都有很多事情要做，但是由于他们年纪大了，记忆力不比从前，事情一多就容易忘记或记混一些事情，例如，饭后要吃药，结果忘记吃了；需要按时接孙子下学，结果早到或迟到了。为了避免这些情况的发生，可以设置日历提醒，帮助他们记住每日的安排，并能准时通过响铃或震动的方式来提醒。

01　在智能手机桌面上点击"日历"图标，可以打开当日的日历。如果要添加活动行程，则可以点击"新建活动"图标（图2-25）。

02　进入"新建活动"界面，点击"更多"按钮（图2-26）。

图 2-25

图 2-26

03 出现"新建活动"界面，依次设置活动名称、"开始"时间、"结束"时间等信息。设置完成后，点击界面右上角的√按钮（图2-27）。

04 完成日历活动提醒的添加后，会在当天的日历中显示已添加的活动（图2-28）。

图 2-27

图 2-28

查看天气

很多中老年朋友退休后的生活就是出门锻炼身体、买菜、与朋友们在公园下棋、跳舞、舞剑等。如果在出门时不知道天气情况，遇上突然下雨、天气突然转凉等情况很容易生病。所以，为了身体健康，中老年朋友平时一定要随时关注天气的变化。

手机自带天气软件，点击"天气"图标，进入软件界面（图 2-29），然后点击右上角的菜单图标 ☰，在"管理城市"界面点击"当前位置"（图 2-30），随后软件就会同步更新你所在城市的天气了。手机桌面一般默认将"天气时钟"放置在主桌面上方，当所在城市天气有所变动时，桌面的天气图案也会发生相应的变化。而且在所在城市发布天气预警时，软件也会通过发送消息到通知栏的方式告知用户，让人们及时做好相应的准备。

图 2-29

图 2-30

🎚 2.1.3　手机拍照和录像

　　美丽的景色通常让人留恋，但在人们的记忆中往往只剩下零星的剪影。中老年朋友想将美的景色永远留住，就需要将画面拍摄下来。现在的智能手机都可以进行拍照和录像，并且像素还都比较高，能将美景清晰地留在手机中。中老年朋友如果想用智能手机拍照和录像，都可以在"相机"◉中进行操作。

拍照

使用"相机"中的拍照功能可以按如下方式进行。

01 在智能手机桌面上点击"相机"图标（图2-31）。

02 进入相机界面，此时就可以开始拍照了。可以点击画面的任意位置进行聚焦，焦点位置会出现蓝色（或其他颜色）边框（图2-32）。

03 点击相机快门按钮（白色圆圈）即可完成拍照（图2-33）。

图 2-31　　　　　　图 2-32　　　　　　图 2-33

录像

拍摄视频同样在"相机"中进行，具体操作步骤如下。

01 在智能手机桌面上点击"相机"图标，出现相机界面，点击"录像"文字（图2-34）。

02 进入"录像"界面，点击红色的圆圈图标（图2-35），如果出现计时器与文字提醒，就代表已经进入了拍摄状态，在拍摄完成后，再次点击红色圆形图标，完成录像。

图 2-34　　　　　　　　　　　图 2-35

相册

相册主要用来存储和管理照片。

01　在智能手机桌面上点击"图库"图标（图2-36）。

02　进入"相册"界面，点击需要查看的图片（图2-37）。

03　查看相册中的图片时，可以左、右滑动查看已经拍摄好的单张照片（图2-38）。

图 2-36

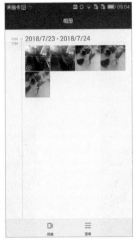
图 2-37

图 2-38

小提示

在拍照页面点击左下角的"相册"图标，也可以进入"相册"查看已经拍摄的照片。

2.2 自带软件能自学

智能手机不仅是一种通信工具，其手机系统中也自带很多小软件，如备忘录、闹钟、计算器、手电筒等。学会使用这些软件，可以使生活变得更加便利。

2.2.1　记性不好找手机

　　很多中老年朋友随着年纪增大，经常忘记很多事情。有些计划要做的事情总会忘记；有时话还挂在嘴边，就忘记自己接下来要说什么。为了帮助他们加强记忆，可以使用智能手机中的"备忘录"功能，管理好他们的日常生活。

　　手机备忘录的作用是用来记一些小事情，如待办事项、日常事件或者某些感想，是一个非常好用的记事工具。例如，今天知道了某个超市下周三有促销活动，就可以把这个消息记在备忘录上，防止到时候搞不清楚是哪一家超市在促销。知道了后天要去亲戚家喝喜酒，也可以记录在备忘录上，以免忘记。

01　在智能手机桌面上点击"实用工具"图标（图2-39）。

02　进入"实用工具"文件夹，在其中可以看到一系列的实用工具图标，点击"备忘录"图标（图2-40）。

图 2-39

图 2-40

03 进入"备忘录"界面，在其中点击"新建备忘录"按钮（图2-41）。

04 进入"编辑备忘录"界面，在展开的输入框中选择要使用的输入法，输入要记录的内容，输入完成后，点击屏幕界面右上角的√（图2-42）。

05 完成备忘录的添加（图2-43）。

图 2-41　　　　图 2-42　　　　图 2-43

小提示

　　在完成备忘录的添加后，如果备忘录太多，需要查找其中某一条备忘录内容，则需要再次打开"备忘录"，上下滑动列表，找到该条备忘录后并点击，就能查看这条备忘录的内容了。

2.2.2　小工具能帮大忙

智能手机中的工具虽小，但能发挥大作用，能够充当中老年朋友的生活调剂品。例如，外出买菜时担心算错钱，则可以用手机中的计算器快速计算价钱；想要早晨准点起床送孙子孙女上学，则可以用手机闹钟提醒。下面讲解使用智能手机中小工具的方法。

计算器

人一旦上了年纪，就容易办错事，例如，买东西时算错账、付错钱，使很多中老年朋友买东西付钱时都会反复核算，谨防出错。其实，智能手机中带有"计算器"，学会使用"计算器"，就能快速将价钱算出来，不用担心出现多付钱的情况。

01　在智能手机桌面上点击"实用工具"图标，进入"实用工具"文件夹，在其中可以看到一系列实用工具图标，点击"计算器"图标（图2-44）。

02　进入计算器界面，如果要计算50-38的结果，则可以在界面中依次点击相应数字和计算符号按钮（图2-45）。

03　输入算式后点击＝按钮，得出计算结果为12（图2-46）。

图 2-44

图 2-45

图 2-46

小提示

在计算器中，如果出现输入错误，可以点击 ⌫ 按钮清除已输入的数字；点击 C 按钮，可以清零。在做加法运算或者乘法运算时，当中间的某个数字出错，可选择方向箭头，代表的是返回上一步。

闹钟

现在很多中老年朋友都会帮自己的子女带孩子，为了保证孙子／孙女上学不会迟到，可以使用手机中的"闹钟"设置好闹铃。

01 在智能手机桌面上点击"时钟"图标（图2-47）。

02 进入"闹钟"界面，点击"新建闹钟"按钮（图2-48）。

03 进入"新建闹钟"界面，在"时"和"分"滚动条上滑动，设置
闹钟的具体时间，当调到所需要的时间时停止滑动操作
（图 2-49）。

图 2-47   图 2-48   图 2-49

小提示

　　"闹钟"界面上方分成 4 个选项卡，分别是"闹钟""时
钟""秒表"和"计时"。4 个选项卡各有其功能，"时钟"
即当前的时间显示；"秒表"可用于记录时间的长度；"计
时"即倒计时功能，界面简单。

---

04 在"闹钟"界面中点击"重复"选项，出现"重复"对话框，其
中包括："只响一次""周一到周五""法定工作日（智能跳
过节假日）""每天"和"自定义"5 个选项，这里点选"每天"
选项右侧的 ◉ 按钮（图 2-50）。

05 在"闹钟"界面中如果需要设置闹钟的铃声，则可以点击"铃声"选项，进入"铃声选择"界面，点击相应铃声右侧的 ◉ 按钮，然后点击界面右上角的√，完成铃声的选择（图2-51）。

06 返回"闹钟"界面，可以看到新添加的闹钟（图2-52）。

图 2-50

图 2-51

图 2-52

小提示

在设置闹钟铃声时，可以选择系统铃声，也可以选择在线铃声或本地音乐；闹钟的音量则可以滑动进度条进行设置。如果需要设置闹钟的间隔提醒时间，则可以在"闹钟"界面中，点击"设置"按钮，进入"设置"界面，点击"再响设置"选项（图2-53），进入"再响设置"对话框，其中包含"响铃间隔时间（分钟）"和"重复响铃次数"两个控制条，点击控制条上的白色小圆点，向左或向右滑动，可以调整响铃的间隔时间和重复的响铃次数（图2-54）。

图 2-53　　　　　　　　图 2-54

手电筒

　　中老年朋友如果去邻居家串门，晚上走夜路回家看不清楚路，随身携带手电筒又很麻烦，这时该怎么办呢？其实很好解决，现在的智能手机都有"手电筒"功能，可以很方便地将手机当作手电筒使用。

01 在智能手机桌面上点击"实用工具"图标，进入"实用工具"文件夹，在其中可以看到一系列的实用工具图标，点击"手电筒"图标（图2-55）。

02 进入手电筒界面，点击界面中间的手电筒按钮，使图标周围的大圆圈呈浅蓝色显示（图2-56），即可打开手电筒。

03 如果需要关闭手电筒，则可以再次点击界面中间的手电筒按钮，使图标周围的大圆圈呈灰色显示（图2-57）。

图 2-55   图 2-56   图 2-57

收音机

一些中老年朋友比较喜欢收听广播，但是收音机携带不方便。其实一部智能手机就能解决这一问题，使用智能手机直接启用"收音机"功能即可。

01 将耳机线的接头插入智能手机中的耳机孔中（图2-58）。

02 在智能手机桌面上点击"实用工具"图标，进入"实用工具"文件夹，在其中可以看到一系列的实用工具图标，点击"收音机"图标（图2-59）。

03 此时开始搜索广播频道（图2-60），当搜索到广播信号后，即可听到当前的广播。

图 2-58　　　　　　　图 2-59　　　　　　　图 2-60

04 在"收音机"界面中点击"上一个频道"或"下一个频道"按
钮，可以切换广播频道并进行播放（图2-61）。

05 如果对当前频道的广播节目感兴趣，可以点击"收音机"
界面中的心形图标，收藏该广播频道。以后就可以在界
面中点击 ▤ 按钮，进入"频道列表"界面，查看已收藏的
广播频道（图2-62）。

小提示

在使用手机中的"收音机"功能时，必须插上耳机才
能收听广播，此时耳机相当于收音机的"天线"，用于接
收广播信号。插上耳机后，如果想外放广播，则可以点击
收音机界面中的"喇叭"按钮 🔊，当其变成"耳机"按钮
后即可开启外放模式。

图 2-61

图 2-62

录音机

录音机可以录制周围的声音，然后突破时间和空间的限制，在另外的时间、地点将声音放出来。例如，可以录下孙子新学的儿歌，等子女回来放给他们听。同时录音机还可以作为一个记事软件使用，在不方便打字时，将要做的事情通过声音记录下来，在忘记的时候播放。

01 在智能手机桌面上点击"实用工具"图标，进入"实用工具"文件夹，在其中可以看到一系列的实用工具图标，点击"录音机"图标（图2-63）。

02 进入"录音机"界面，点击"开始"按钮（图2-64）。

03 此时开始录音，在录音的过程中，如果需要取消录音，则可以点击"取消"按钮；如果需要暂停录音，则可以点击"暂停"按钮；如果需要保存录制好的声音，则可以点击"保存"按钮（图2-65）。

图 2-63　　　　　　　　图 2-64　　　　　　　　图 2-65

04 在保存声音文件时，会出现"新录音名称"对话框，通过输入法输入录音名称后（图2-66），点击"确定"按钮，完成录音文件的保存操作。

05 如果需要查看已有的声音文件，则可以在"录音机"界面中点击"录音文件"按钮，进入"普通录音"界面进行查看（图2-67）。

2.2.3　应用商店东西多

　　智能手机的功能繁多，如果想看电视、浏览新闻，都需要先在"应用商店"软件中下载与安装相关的软件，这样才能实现相应的功能。一般新购买的智能手机中都有"应用商店"软件，通过该软件可以下载与安装各类应用软件，操作简单且方便。

图 2-66   图 2-67

直接搜索、下载并安装软件

　　中老年朋友通过手机预装的"应用市场"软件中的搜索框，可以搜索出需要下载的软件，对其进行下载与安装。例如，为了防止手机中毒及保护个人隐私和财产安全，可以在手机中安装一款安全防护软件。但需要注意的是，在下载和安装软件时，最好连接 WiFi 网络，这样不仅下载速度快，而且不用担心流量的问题，具体操作步骤如下。

01　在智能手机桌面上点击"应用市场"图标（图2-68）。

02　进入"应用市场"界面，点击搜索框（图2-69）。

03　打开输入法界面，输入文本"手机卫士"，然后点击"搜索"按钮 🔍 （图2-70）。

图 2-68　　　　　　　图 2-69　　　　　　　图 2-70

04 此时会显示搜索结果，点击"手机安全卫士"选项右侧的"安装"按钮（图2-71）。

05 出现"'手机安全卫士'需要以下权限"对话框，提示安装手机安全卫士需要"网络""系统工具""设备通话""存储"等权限，点击"接受"按钮（图2-72）。

06 手机会自行开始下载软件的安装包，安装包下载完成后，系统将会自行开始安装软件。安装完成后，点击该软件右侧的"打开"按钮（图2-73），可以启动该软件。

小提示

　　如果是手机中已经安装了的软件，则其右侧显示的可能是"更新"或"打开"按钮，而不是"安装"按钮。

图 2–71 图 2–72 图 2–73

通过"分类"界面查找软件

"应用商店"会将各种手机软件进行分类，如果中老年朋友不知道要给手机安装什么软件最合适，则可以通过"应用商店"的分类功能查找并下载、安装合适的软件，具体操作步骤如下。

01 在智能手机桌面上点击"应用市场"图标，进入"应用市场"界面，点击"分类"选项卡（图2-74）。

02 进入"分类"界面，在"分类"列表中点击"拍摄美化"选项（图2-75）。

03 进入"拍摄美化"界面，根据需要点击要安装的软件图标，这里点击"美拍"图标（图2-76）。

04 进入"美拍"软件的"应用详情"界面，根据需要点击"安装45.6MB"按钮（45.6MB为该软件安装包的大小），即可开始下载并安装"美拍"软件（图2-77）。

图 2-74

图 2-75

图 2-76

图 2-77

【小技巧】清理缓存加速度

　　智能手机在使用一段时间后会出现运行缓慢、卡顿的现象，这种现象是因为没有定时清理智能手机中的缓存和垃圾文件所导致的。因此，为了让手机运行得更畅通，需要使用智能手机中的"手机管家"软件随时清理手机中的"垃圾"。

优化手机进程

　　使用"手机管家"软件可以将智能手机中正在运行的软件关闭，具体操作步骤如下。

01　　在智能手机桌面上点击"手机管家"图标（图2-78）。

02　　进入"手机管家"界面，点击"点击扫描"图标（图2-79）。

图 2-78

图 2-79

03 开始扫描优化项，并显示正在扫描的进程（图2-80）。

04 扫描完成后，显示需要优化的项目，点击"点击优化"图标（图2-81）。

05 开始优化手机中的软件，稍后将显示优化的结果（图2-82）。

图 2-80　　　　　　图 2-81　　　　　　图 2-82

清理手机垃圾文件

使用"手机管家"软件中的"加速优化"功能可以快速清理手机中的垃圾文件，具体操作步骤如下。

01 在"手机管家"界面中点击"加速优化"图标（图2-83）。

02 进入"进程管理"界面，点击"空间清理"文字（图2-84）。

图 2-83   图 2-84

03 进入"空间清理"界面，点击"智能扫描"按钮（图2-85）。

04 此时开始扫描垃圾文件，并显示正在扫描的位置（图 2-86）。

图 2-85   图 2-86

05 扫描完成后显示扫描结果，点击"一键清理"按钮（图 2-87）。

06 稍后将显示清理结果，点击"清理完成"按钮，完成垃圾 文件的清理操作（图2-88）。

图 2-87

图 2-88

第 3 章

学打字，相隔再远没问题

 内容摘要

打字聊天很方便

沟通交流有号码

滑动解锁

在使用智能手机的过程中，经常需要用到文字，例如给孩子们发短信、保存电话号码等。然而，很多中老年朋友在使用手机输入文字时却显得有些吃力，例如，忘记汉语拼音怎么用了，提笔忘字等，以上原因都是因为使用打字软件不熟练导致的，因此，中老年朋友学习并熟练掌握打字软件很有必要。

智能手机的输入界面

本章将详细讲解使用智能手机打字的方法。

3.1 打字聊天很方便

学会使用打字软件，是玩转智能手机的必备技能之一。使用打字软件才能和别人进行文字聊天、才能在浏览网页时输入需要查看的新闻。本节将详细介绍如何选择适合自己的输入法软件，以及正确使用输入法软件输入文本的方法和注意事项。

3.1.1　百度、搜狗都很好

　　手机中虽然自带输入法，但是很多人用不习惯，更喜欢使用第三方输入法软件。手机输入法的种类繁多，常见的输入法有搜狗输入法、百度输入法、QQ 输入法和手写输入法等。不同的输入法，有不同的输入方式。

贴心好用的百度输入法

　　百度输入法支持拼音、笔画、五笔、手写、智能英文输入，并拥有智能语音输入、多媒体输入两大全新的输入方式，其操作便捷，是中老年朋友比较好的选择。百度公司最新还推出了一款中老年输入法，是为中老年朋友专门设计的，非常贴心和实用。

● 安装与启用百度输入法

　　在使用百度输入法之前，首先需要在手机的"应用市场"中下载并安装百度输入法软件，然后才能启用该输入法软件，具体操作步骤如下。

01　在智能手机桌面上点击"应用市场"图标，进入应用市场界面，点击搜索框，输入"百度输入法"文本，点击"搜索"按钮 🔍 （图3-1）。

02　搜索软件后会显示搜索结果，点击"百度输入法"右侧的"安装"按钮（图3-2）。

图 3-1

图 3-2

03 出现"'百度输入法'需要以下权限"界面，提示用户安装时需要授予其个人信息、系统工具等权限，点击"接受"按钮（图3-3）。点击"取消"按钮，将无法安装百度输入法软件。

04 开始下载百度输入法，并显示下载进度（图3-4）。

05 下载完成后软件会自动安装百度输入法，安装完成后点击"打开"按钮（图3-5）。

06 进入"百度输入法"界面，点击"去勾选"按钮（图3-6）。

07 进入"语言和输入法"界面，点击"百度输入法"左侧的√，出现"注意"对话框。该对话框用来提醒用户使用此输入法的风险，点击"确定"按钮（图3-7），完成输入法设置。

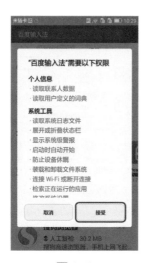

图 3-3

图 3-4

图 3-5

图 3-6

08 进入"百度输入法"界面，点击"去切换"按钮（图3-8）。

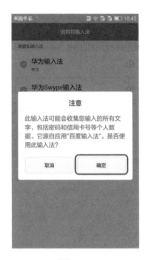

图 3-7

图 3-8

09 出现"选择输入法"对话框，该对话框中包含"华为Swype输入法""华为输入法"和"百度输入法"3个选项，点击"百度输入法"右侧的 按钮（图3-9）。

10 返回"百度输入法"界面，稍后将出现"读取位置信息"对话框（图3-10），该对话框用于读取位置信息，点击"允许"按钮。

11 启用百度输入法，并自动进入输入法的主界面（图3-11）。

● 认识百度输入法界面

在智能手机桌面上点击"百度输入法"图标 ，将进入百度输入法的主界面，该界面分为"皮肤"（图3-12）、"表情"（图3-13）、"词库"（图3-14）和"精品"（图3-15）4个选项卡。其中"皮肤"用来收集更换输入法界面的皮肤；"表情"界面用来收集在输入信息时所发送的表情；而"词库"则用来收集各种词汇和短语。

图 3-9

图 3-10

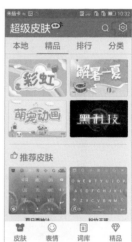

图 3-11

图 3-12

图 3-13

图 3-14

图 3-15

● 设置皮肤

默认情况下，进入百度输入法界面时，第一眼看到的是"皮肤"选项卡，其中包含"本地"（图 3-16）、"精品"（图 3-17）、"排行"（图 3-18）和"分类"（图 3-19）四项。"皮肤"选项卡用来下载与更换输入法界面的装饰皮肤。

在"皮肤"选项卡中点击需要更换的皮肤，出现对应的皮肤界面，点击"启用"按钮（图 3-20），完成皮肤的更换（图 3-21）。

● 下载表情

输入法表情指的是，用智能手机进行信息交流时，用到的帮助用户更准确表达含义的符号和图片。百度输入法的表情分为"表情贴图"和"颜文字"（图 3-22）。点击喜欢的表情，然后在出现的界面中点击"下载"按钮即可（图 3-23）。

图 3-16

图 3-17

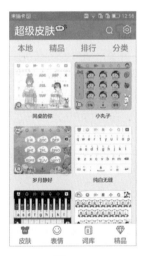

图 3-18

图 3-19

图 3-20

图 3-21

图 3-22

图 3-23

● **设置词库**

词库是使用输入法输入信息时所收集的词语资料的集合，在词库中经常会出现一些时下利用率较高的热词。如果想下载词库，可点击"排行"或"分类"选项，寻找相应的词库（图3-24），并点击具体词条右侧的下载按钮，下载后词库右侧的按钮会显示为灰色 ⊘（图3-25）。

图 3-24   图 3-25

● **认识百度输入法键盘**

百度输入法初始键盘呈灰、白两色显示（图3-26）。灰色按键从左至右从下至上依次是：123——数字键，开启数字键盘；中——中英文转换，转换拼音与英文字母键盘；🎤——用于输入语音信息；符号——符号键，输入标点符号；⏎——回车键，另起一行；清空——清空输入框中所输入的文字；⌫——删除键，删除已输入的文字或符号。点击图3-26中第一个呈灰色显示的百度图标🅱️，可以使用百度输入法添加的小功能，或进行具体的设置（图3-27）。

图 3-26 图 3-27

小提示

值得注意的是，百度输入法在输入键盘中添加了搜索功能，点击第 5 个图标放大镜 🔍 ，就会出现搜索界面（图 3-28）。在搜索框中输入文字并点击即可搜索，也可以直接点击自动出现的热词搜索相关新闻。点击表情图标，就会出现输入法中所有的表情（图 3-29），点击相应表情即可输入到文本框中。

图 3-28 图 3-29

079

● 设置百度输入法键盘

在设置百度输入法键盘时，可以对键盘的"常规设置""键盘界面设置"以及"高级设置"进行设置。在"百度输入法"界面中点击"设置"图标 ⚙，即可进入百度输入法的设置界面（图 3-30）。

如果需要对拼音、手写输入的识别速度进行设置，可以在"常规设置"中进行，点击"常规设置"选项就会出现"常规设置"界面（图 3-31），将屏幕向上拖曳可找到"手写设置"选项，按住"识别速度"下的蓝色圆点向右拖动，就能调慢手写输入的识别速度。

图 3-30

图 3-31

如果需要对输入键盘的"候选字体大小""主题特效""键盘透明度""单手模式设置""左右滑动切换设置"等进行设置，需要点击"键盘界面设置"选项，此时就会出现"键盘界面设置"界面（图 3-32），然后依次设置键盘界面选项即可。

如果需要对"游戏键盘""桌面浮窗""通知栏消息设置"等进行设置，则需要点击"高级设置"选项，此时就会出现"高级设置"界面（图 3-33），依次设置选项即可。

图 3-32

图 3-33

花俏百变的搜狗输入法

搜狗手机输入法是搜狗公司为智能手机、平板电脑用户开发的具有自主知识产权的输入法软件。

● 启用搜狗输入法

在使用搜狗输入法之前，首先需要下载并安装"搜狗输入法"。下载安装"搜狗输入法"的操作方法与百度输入法相同。

01 下载与安装搜狗输入法软件后，在智能手机桌面上点击"搜狗输入法"图标（图3-34）。

02 进入"启用搜狗输入法"界面，点击"搜狗输入法"右侧的按钮，并点击"启用"按钮（图3-35）。

图 3-34

图 3-35

03 进入"语言和输入法"界面，点选"搜狗输入法"选项前的按钮（图3-36）。

04 出现"注意"界面，提示用户使用该输入法的风险，点击"确定"按钮（图3-37）。

05 完成启用搜狗输入法的设置后，点击搜狗输入法右侧的白色圆圈，使其呈橙色显示，点击"设置"按钮（图3-38）。

06 出现"选择输入法"界面，其中包含华为Swype输入法、华为输入法、搜狗输入法、百度输入法4个选项，这里点选"搜狗输入法"（图3-39）。

07 进入"选择中文输入方式"界面，可以根据需要选择拼音九键、拼音全键、手写、笔画、五笔等输入方式，这里选择"拼音九键"输入方式（图3-40）。

图 3-36

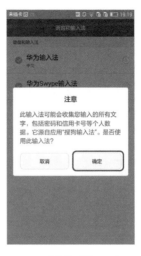

图 3-37

图 3-38

图 3-39

08　进入搜狗输入法界面，其中包括"登录并同步词库"和"暂

不同步词库"两个选项，如果需要登录并同步词库，则可以点击"登录并同步词库"按钮（图3-41）。

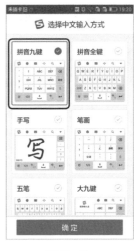

图 3-40

图 3-41

09 进入"账号登录"界面，选择适合自己的登录方式，例如可以点击QQ图标（图3-42）。

10 进入"QQ登录"界面，点击"授权并登录"按钮（图3-43）。

小提示

拼音九键和拼音全键的输入方式有很大差别，其中拼音九键中的每个按键复用3～4个字母，使用拼音九键不需要记住26个字母的分布位置，只需要记住26个字母在9宫格的哪一个即可。熟悉后可以接近盲打的速度。如果中老年朋友熟悉电脑键盘，则可以使用"拼音全键"，手机中的"拼音全键"类似电脑键盘，上面分布着26个字母，只要每次按键都准确无误，输入准确率就会比较高。

11 登录输入法，并进入搜狗输入法的主界面（图3-44），
　　　完成搜狗输入法的启用设置。

图 3-42　　　　　　　图 3-43　　　　　　　图 3-44

● **下载词库**

　　搜狗输入法的词库包含热词、细胞词库、方言词库以及
快捷短语等，在智能手机的桌面上点击"搜狗输入法"图标，
将进入搜狗输入法的"热词"界面，该界面上方的菜单栏中
显示热词、细胞词库、方言词库以及快捷短语 4 个选项卡。
如果需要下载界面中的某个词库，可以点击词库选项右侧的
"下载"按钮进行下载。例如，需要下载"细胞词库"选项
卡中的"手机专用"词库，则可以在"细胞词库"选项卡中，
点击"手机专用"选项（图 3-45），进入"手机专用"界面，
点击第一个选项右侧的"下载"按钮（图 3-46）。下载词库
后，选项右侧的"下载"按钮变成"已下载"（图 3-47）。

图 3-45

图 3-46

图 3-47

● **认识搜狗输入法键盘**

初始的搜狗输入键盘（图 3-48）整体呈灰白色，顶部一行有 6 个按钮，从左至右分别是 🅢——搜狗百宝箱、😊 ——输入表情、🖮 —— 键盘、⫶ᑊ⫶ —— 编辑、🔍 —— 搜索和 ▼ —— 收起键盘。

图 3-48

搜狗百宝箱中包含个性皮肤、热词速递、快捷短语、开挂模式等小功能，它们分别有着不同的作用。例如，"个性皮肤"能选择更加新颖的皮肤；"开挂模式"能直接输入多个相同的文本；"繁体输入"能直接输入繁体字中文。在输入法界面中，点击"搜狗百宝箱"图标 <mark>S</mark>，即可进入搜狗百宝箱（图 3-49）。

在输入法界面中，点击"输入表情"图标 😊，进入表情界面（图 3-50）。搜狗输入法的表情分为 Emoji、颜文字、表情包和斗图 4 个选项，点击相应文字选项就能转换表情类型，将表情输入文字框，直接点击相应的表情即可。表情键盘下方的白条中有许多小的分类图标，点击它们其中的一个即可切换到该类表情中，下方第一个时钟样图标会显示曾经使用过的表情。

图 3-49

图 3-50

在输入法界面中，点击"键盘"图标 ⊞，进入键盘界面（图 3-51）。键盘中包含搜狗输入法所支持的所有输入方式，想要更改输入方式，可直接在此点击选择，同时还可以选择输入键盘的样式。

在输入法界面中，点击"编辑"图标 ◂⫯▸，进入编辑界面（图 3-52）。通过编辑界面可以在输入文字后对文字内容进行复制、删除或剪切操作，也可以将文字大段地复制或删除。在输入文字后，将文本框中闪动的光标移动到相应的文字前，点击"选择"按钮（如果需要选择全部文字可直接点击"全选"），再点击上、下、左、右四个箭头按钮选择文字，之后再选择"复制""粘贴"或"删除"即可。

　　图 3-51　　　　　　　　　　　　图 3-52

小提示

　　在复制文字之后，点击输入文字的位置，就会出现"粘贴"的选项，点击"粘贴"即可将之前复制的文字粘贴到文本框中。

● **设置输入法键盘**

　　在使用搜狗输入法输入文字之前，可以先对键盘布局、候选字大小、手写输入等常规选项进行设置，将搜狗输入法设置为符合自己使用习惯的状态，具体操作步骤如下。

01　在智能手机桌面上点击"搜狗输入法"图标，打开"搜狗输入法"界面，在界面底部点击"我的"图标，进入"我的"界面，点击"设置"选项（图3-53）。

02　进入"搜狗输入法设置"界面（图3-54），其中包含输入习惯、键盘布局、手写设置、语音设置、词库设置等多个常规选项，如果需要对键盘布局进行设置，则点击"键盘布局"选项。

图 3-53　　　　　　　　　　图 3-54

03 进入"键盘布局"界面（图3-55），如果要将键盘的"音量"和"振动"调整得强烈一些，只要按住"音量"和"振动"控制条（图3-55）中的蓝色圆点并向右移动即可，在点击键盘时，能准确地知道到底有没有按动键盘；如果想将"候选字大小"调到相对大一点的状态，方便在选字时能看得更清楚，则可以按住"候选字大小"控制条（图3-55）中的蓝色圆点向右移动。

04 如果要设置手写输入的识别速度，则可以在"搜狗输入法设置"界面中，点击"手写设置"选项，进入"手写设置"界面（图3-56），如果想将手写输入的识别速度调慢，则可以按住"识别速度"控制条（图3-56）中的蓝色圆点并向右移动即可。

05 如果对设置后的输入法键盘不满意，想将输入法键盘恢复到原来的状态，可以点击"搜狗输入法设置"界面中的"恢复默认设置"选项（图3-57），弹出"恢复默认设置"对话框（图3-58），然后点击"确定"按钮，即可将其恢复成刚开始使用时的样子。

图 3-55

图 3-56

图 3-57

图 3-58

● 更换输入法皮肤

在智能手机桌面上，点击"搜狗输入法"图标，自动进入搜狗输入法的主界面。在主界面中可以自主选择并下载输入法的皮肤和表情，将输入键盘按照自己的审美进行装饰。

更改输入法皮肤的具体操作步骤是：点击搜狗输入法主界面中的"皮肤"图标，就能看到"皮肤"界面，点击需要更换的皮肤即可。这里点击"小清新键盘"（图 3-59），进入"小清新键盘"界面，点击"启用"按钮（图 3-60），成功启动新的皮肤并进入输入法界面，即可查看更改皮肤后的输入法界面效果（图 3-61）。

图 3-59　　　　　　　图 3-60　　　　　　　图 3-61

● 使用表情商店

在搜狗输入法主界面中点击"表情"图标，进入"表情商店"界面，该界面包含"热门""周榜单""颜文字"以及"表情包"4个选项卡。

　　"热门"选项卡中收集了一些比较流行、热门的表情（图3-62）；"周榜单"选项卡中出现的是一周下载量最多的表情（图3-63）；"颜文字"选项卡中收集的就是带表情的文字的大集合（图3-64）；"表情包"选项卡中收集了各类表情包的大集合（图3-65）；如果需要下载表情，只需点击相应表情右侧的"下载"按钮即可。

图 3-62

图 3-63

🎚 3.1.2　拼音、手写可选择

　　随着中老年朋友使用手机进行聊天频率的增加，大家对输入法的要求也越来越高。输入法的输入方式有拼音输入、手写输入、键盘手写输入等。如果你的拼音技能很好，觉得拼音打字方便，则可以选择拼音输入方式；如果已经忘了汉语拼音如何使用，则可以使用手写输入方式；如果嫌拼音和手写来回切换特别麻烦，则可以使用键盘手写输入方式。

图 3-64

图 3-65

选择拼音输入方式

拼音输入法是现在最流行的输入方式，无论是手机自带的输入法，还是自行下载的输入软件，都有拼音输入方式。目前，常见的拼音输入方式是"拼音九键"（图 3-66）和"拼音全键"（图 3-67）两种方式。

图 3-66

图 3-67

在使用"拼音九键"输入方式时，由于一个按键上同时存在三四个字符，所以在选词方面还是比较麻烦的。例如"西安"很容易就会打成"先"，此时就要学会使用分词键"1"，在打出"xi"之后点击一下"1"，再输入"an"就能自动出现"西安"。而如果使用"拼音全键"输入方式时，则可以直接逐个点击按钮进行词语输入。例如输入"文本"，依次点击 wenben 的字母按钮即可。

选择手写输入方式

很多中老年朋友对拼音已经感到陌生，很多汉字都不知道如何拼写，但是却知道怎么书写，此时可以用手写输入方式输入文字。

手写输入法就是通过手指在屏幕上写字，手机通过采集书写的坐标点序列，对其进行分析识别，并将书写笔迹转换为可编辑文本的输入法。智能手机的输入法一般会内置手写输入，想要将输入方式调到手写模式，可以点击输入法键盘上的"键盘"图标，然后在出现的键盘选择界面点击"手写"图标（图 3-68），即可进入"手写"界面（图 3-69），在该界面上手写需要输入的文本即可。

图 3-68

图 3-69

选择键盘手写输入方式

很多中老年朋友在用拼音输入方式输入某个文字时，突然想不起某个字的读音，只好切换到手写模式输入，然后再切换回拼音输入，过程烦琐又费时。为了解决这一难题，搜狗输入法开发了"键盘手写"功能，将拼音输入模式与手写模式完美结合。

开启键盘手写输入方式的具体操作步骤如下。

01 在键盘输入法界面中点击"搜狗百宝箱"图标，进入"搜狗百宝箱"界面，点击"键盘手写"图标（图3-70）。

02 出现"搜狗输入法"对话框，点击"键盘手写"选项右侧的√按钮（图3-71），开启键盘手写功能即可。

图 3-70

图 3-71

3.1.3　表情、语言花样多

　　现在，光用普通的文字进入沟通已经不能满足用户的需求了。在用手机进行聊天时，使用表情符号和颜文字，不但能够节省文字输入的时间，而且可以更加直观、快捷地表达心情与情绪。手机表情指用文字和符号组成表情或图案来表达使用者的心情。

　　手机中的输入法往往包含了许多表情图和表情符号，在一些输入法软件中甚至还能下载一些有趣的图片。在输入法的输入界面中点击 符 或 ☺ 图标，就会出现许多有趣的表情，直接点击表情符号或颜文字等，即可直接发送表情或颜文字。

使用表情符号

　　表情符号用来生动呈现交际中的非言语信息，使双方在进行聊天时如闻其声、如见其人。如果需要发送表情符号，可以直接在输入法界面中，点击 ☺ 图标，进入 Emoji 界面，在界面中点击表情符号，表情符号将出现在文本框中，直接点击"发送"按钮即可（图 3-72）。Emoji 界面中表情符号有很多种，在界面的下方点击不同的图标，可以进入不同的 Emoji 界面（图 3-73）。

图 3-72

图 3-73

使用颜文字

　　"颜文字"是一种表情符号，其表达手法自由多变，表现形式不局限于文本和图形方式。如果需要发送颜文字，可以直接在输入法界面中，点击 😊 图标，进入 Emoji 界面，在界面上方点击"颜文字"按钮，进入"颜文字"界面（图 3-74）。点击需要发送的颜文字图标，将颜文字输入文本框并进行交流。"颜文字"界面中包含多种表示不同心情的颜文字，在界面下方点击"开心""生气""伤心"等图标即可进入不同的心情文字界面。

图 3-74

使用表情包

　　"表情包"是一种利用图片来表达感情的集合。如果需要发送表情，可以直接在输入法界面点击 😊 图标，进入 Emoji 界面，在界面上方点击"表情包"按钮，进入"表情包"界面（图 3-75），点击需要发送的表情图标即可直接发送表情。"表情包"界面中包含多种可以动的表情，在界面下方，点击不同的表情图标即可进入不同的表情包界面（图 3-76）。

图 3-75

图 3-76

3.2 沟通交流有号码 ⊕

  智能手机是一种功能强大的通信工具，但是在进行人与人的交流之前，需要有一个标签，这就是号码。进行沟通交流的号码有电话号码、QQ 号码、微信号码等，不过最基本的是电话号码。通过电话号码可以拨打和接听其他人的电话，可以发送短信等。本节将详细讲解使用电话号码进行沟通交流的方法，帮助中老年朋友快速学会用手机接听电话和发短信。

◖ ◗ 3.2.1   电话号码会保存

  无论使用什么样的手机拨打电话，都需要先知道对方的电话号码。以前记电话号码的方式是写在电话本中，要打电话时翻找电话本中的记录。这种号码储存方式既不能快速找到联系人，也容易丢失或污损。现在有了智能手机，可以轻松解决这些问题。具体方法是：直接将联系人的电话号码保存到手机里，想打电话时，直接查找到对应的联系人拨号通话就可以了，方便快捷。

新建手机联系人并保存号码

使用手机中的"新建联系人"功能可以在手机中保存联系人的电话号码。

01 在智能手机桌面上点击"联系人"图标（图3-77）。

02 进入"联系人"界面，点击"新建联系人"按钮（图3-78）。

03 进入"新建联系人"界面，依次输入联系人的姓名、电话号码等信息后，点击界面右上角的√按钮（图3-79），可以直接将联系人的信息保存到手机中，新添加的联系人会出现在联系人列表中。

图 3-77

图 3-78

图 3-79

> **小提示**
>
> 　　在新建联系人时，如果是双卡手机则会出现"手机""卡
> 1"和"卡2"三个选项，点击相应的存储位置即可。一般
> 而言，建议将联系人存储在 sim 卡（卡 1 或卡 2）上，在
> 更换手机时只要将 sim 卡放入新手机，手机联系人的资料
> 人就会转移到新手机上，比较方便。

通过通话记录保存联系人

　　在手机中储存号码时，还可以通过通话记录进行电话号
码的保存。

01 在智能手机桌面上点击"电话"图标，进入"拨号"界面，界
面中显示该手机近期的所有通话记录，点击需要保存
的电话号码（图3-80）。

02 在弹出的快捷菜单中包含标记为、新建联系人、保存至
已有联系人、发送信息、复制号码、呼叫前编辑、加入
黑名单、删除通话记录等选项，这里点击"新建联系人"
选项（图3-81）。

03 进入"新建联系人"界面，点击姓名文本框，并用下方的
输入法键盘输入姓名，如果需要给联系人设置特定的
头像，则点击姓名左侧的头像图标 👤（图3-82）。

04 弹出菜单，提示是通过拍照获取头像，还是从图库中获
取头像，这里点击"从图库中选择"选项（图3-83）。

图 3-80

图 3-81

图 3-82

图 3-83

05 进入"选择图片"界面，点击"精选图片"分类（图3-84）。

06 进入"选择图片"分类，点击选择相应图片（可以选择该联人的照片）（图3-85）。

图 3-84

图 3-85

07 进入"联系人照片"界面，在图片上点击并移动，调整图片的区域，点击右上角的 √（图3-86）。

08 返回"新建联系人"界面，完成联系人头像的设置（图3-87），点击界面右上角的 √。

09 完成联系人的保存，进入该联系人的详细信息界面（图3-88）便会显示联系人的姓名和电话号码等信息。

小提示

很多中老年朋友都与儿女子孙相隔很远，经常通过电话联系。为了更方便地打电话，可以选择将子女的联系方式放置在手机桌面上，设置好后就可以直接点击图标拨打他们的电话了。同时，建议将急救电话设置到桌面，在紧要关头以最快的速度将电话拨打出去。其具体的操作步骤是：在"联系人"界面中点击相应的联系人，进入联系人界面，点击"更多"按钮，在弹出的菜单中点击"创建快捷方式"选项（图 3-89），出现"选择联系人快捷方式"对话框，其中包含"查看联系人""打电话"和"发信息"3种快捷方式，点击"打电话"右侧的白色圆按钮（图 3-90），可以将该联系人的图标放置到手机桌面。

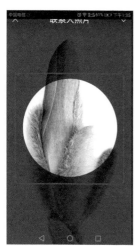

图 3-86

图 3-87

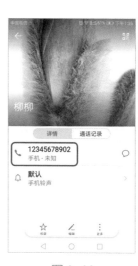

图 3-88

 3.2.2　听不清楚开免提

　　有些中老年朋友的耳朵有点背，经常在接听电话时，听不清楚对方讲的是什么，哪怕将手机通话音量调至最大，也听不清楚。此时可以开启"免提"功能，将手机通话声音外放。

01　在智能手机桌面上点击"电话"图标，进入"拨号"界面，点击"九九"的通话记录（图3-91）。

02　进入拨号界面，点击"免提"按钮 🔊（图3-92）。

图 3-89 图 3-90

03 开启手机的扩音功能，此时"免提"按钮变成蓝色显示（图3-93）。

图 3-91 图 3-92 图 3-93

3.2.3　交代、关心在短信

手机短信分为两种，既可以是文字形式的，也可以是图片和小视频形式的。如果是平时与孩子之间的沟通，可以发送文字短信；如果是想看孩子近照，或者把自己的近照和生活状态拍给孩子看，可以发送彩信。

发送文字短信

文字短信是通过手机直接发送或接收的文字信息，用户每次能接收和发送短信的字符数是 160 个字母或数字字符，或者 70 个中文字符，发送文字短信的具体操作步骤如下。

01　在智能手机桌面上点击"信息"图标（图3-94）。

02　进入"信息"界面，点击"新建"按钮（图3-95）。

图 3-94

图 3-95

03　进入信息编辑界面，点击联系人文本框，选择联系人。

在下方的短信文本框中，依次点击输入法界面中的按钮，输入文本信息（图3-96），然后点击文本框右侧的"发送"按钮 ，即可发送文字短信（图3-97）。

图 3-96   图 3-97   图 3-98

发送彩信

彩信最大的特色就是支持多媒体，能够传递多种形式的内容，这些信息包括文字、图像、声音和数据等多媒体格式的信息，具体操作步骤如下。

01 在智能手机桌面上点击"信息"图标，进入"信息"界面，点击"新建"按钮，进入信息编辑界面，点击联系人文本框，选择联系人，然后点击信息文本框左侧的附件按钮 🔗（图3-99）。

02 进入附件界面，点击"图片"按钮，在界面中点击要发送的图片（图3-100）。

图 3-99

图 3-100

03 添加图片附件（图3-101），并自动将短信转换为彩信，然后点击文本框右侧的"发送"按钮 ➢，即可将该图片以彩信的形式发送（图3-102）。

小提示

　　用发彩信的方式分享图片、视频将会花费较高的手机费，建议通过其他的通信软件进行发送。

图 3-101

图 3-102

3.2.4 谨防手机短信陷阱

现在，手机短信的诈骗案件高发，中老年朋友在使用手机时，一定要谨防手机短信陷阱，以防被骗。现在常见的手机短信陷阱有以下几种。

● 中奖短信骗局

这种骗局谎称你在某个活动中中了大奖，若要领取奖金或奖品，需先交纳邮寄费、托运费、手续费等。用户交钱后，奖金和奖品自然全无下文。

● 赠送话费陷阱

有的中老年朋友多次收到这样的短信："请将短信发给XX 用户，你的账户上将增加 XXX 元话费。"或"为庆祝某单位用户突破一亿，请您将此消息转发 10 位用户，你的账

户上将增加 XX 元话费。"结果话费自然不会增加，短信费
却损失了不少。

● "捆绑"业务套钱

有些中老年朋友使用手机时因为误操作，导致手机卡中
"捆绑"或内嵌"××梦网"业务，此时就会收到"××梦网"
发来的短信，点击后会自动启动某项目游戏。而此项目的短
信费并非每条 0.1 元，而是每月自动收取 30 元。

● 亲朋遇到突发性事件型

这种情况同样十分常见，最主要的表现形式便是突然接
到一条短信，并且提示孩子遭遇突发性事件，急需一笔资金，
希望汇款，并且让你将这些金钱打入一个账号中。一旦汇款，
那么，毫无疑问就是上当受骗了。

【小技巧】号码备份与同步

如果手机坏了或者丢了，就会导致联系人的号码全部丢
失。如果换新手机后逐个重新手动输入非常麻烦。为了解决
这一难题，现在的智能手机中都带有备份功能，只要将手机
联系人备份到"云端"（远程服务器），即使更换手机，也
可以轻松恢复联系人。或者将手机联系人直接备份到计算机
中，进行保存。具体的操作步骤如下。

01 在智能手机桌面上点击"实用工具"图标（图3-103）。

02 进入"实用工具"菜单，点击"备份"图标（图3-104）。

03 进入"备份"界面，点击"备份"按钮（图3-105）。

04 进入"备份到"界面，点击"云空间"右侧的白色圆圈按
钮，使其呈蓝色显示，然后点击"前往云空间"按钮（图
3-106）。

图 3-103

图 3-104

图 3-105

图 3-106

05 出现"华为云空间通知"对话框，询问是否同意协议内容，点击"同意"按钮（图3-107）。

06 进入"云备份"界面，点击"云备份"右侧的开关按钮，使其呈蓝色显示，开启云备份功能，然后点击"立即备份"按钮（图3-108）。

07 开始备份手机联系人和其他数据，并显示"正在备份"的进度（图3-109），稍后将完成手机联系人的备份操作。

图 3-107

图 3-108

图 3-109

第4章

聊微信，生活不仅靠文字

 内容摘要

要用微信先注册

聊天分享新鲜事

微信钱包有大用

滑动解锁

如今，微信已经成为大家不可或缺的通信工具，也吸引了越来越多的中老年朋友加入。微信能够支持单人、多人参与，通过微信可以与他人进行语音、视频聊天；也可以发送文字、图片和视频，将自己的生活动态发送到朋友圈与好友分享。很多中老年朋友通过在微信中了解并学习到各种新的知识，丰富了自己的业余生活，扩大了社交圈，从而让自己的生活不再单调。

很多中老年朋友想使用微信，但是不会操作。本章将详细讲解使用微信的方法。通过本章学习，可以帮助中老年朋友熟练地使用微信，体验微信带来的方便与乐趣。

4.1　要用微信先注册

在使用微信之前，需要先注册一个微信号码。本节将介绍如何注册微信账号，如何通过微信与他人建立联系，以及在登录微信之后需要设置的一些基本功能。

4.1.1　资料填写要完整

在使用微信之前，首先要注册一个微信账号，在注册微信账号时，需要填写昵称、电话号码、地区以及密码等资料。注册微信账号后就可以进行微信的登录与退出操作了。

注册微信账号

下载与安装好微信软件后，在"微信"界面中点击"注册"按钮，可以开始注册微信账号了，具体操作步骤如下。

01 　在智能手机桌面上点击"微信"图标（图4-1）。

02 　进入"微信"界面，点击"注册"按钮（图4-2）。

图 4-1

图 4-2

03 　进入"手机号注册"界面，依次输入昵称、手机号和密码等信息，然后点击"注册"按钮（图4-3）。

04 　进入下一个界面，点击勾选"我已阅读并同意上述条款"复选框，点击"下一步"按钮（图4-4）。

图 4-3　　　　　　　　　　图 4-4

小提示

在输入密码时，如果担心输入错误，可以点击密码栏右侧的"眼睛"图标，就可以看到之前输入的密码。

---

05 进入"安全校验"界面，点击"开始"按钮（图4-5）。

06 进入"微信安全"界面，将界面中的滑块向右移动至对应的图块区域（图4-6）。

07 进入"发送短信验证"界面，将验证码发送到相应的电话号码中，然后点击"已发送短信，下一步"按钮（图4-7），开始验证短信，验证成功后就完成了微信账号的注册。

图 4-5　　　　　　图 4-6　　　　　　图 4-7

登录微信

登录微信时一般会自动记住用户的密码，所以下一次使用微信时不需要输入密码即可自动登录。首次或重新登录微信的操作步骤如下。

01　在智能手机桌面上点击"微信"图标，进入"微信"程序主界面，点击"登录"按钮（图4-8）。

02　进入"手机号登录"界面，在界面中可以直接输入手机号进行登录，如果需要使用其他的方式进行登录，则点击"用微信号/QQ号/邮箱登录"选项（图4-9）。

03　进入"微信号/QQ号/邮箱登录"界面，依次输入账号和密码，点击"登录"按钮（图4-10）。

04　进入"微信"界面，完成微信的登录操作（图4-11）。

图 4-8

图 4-9

图 4-10

图 4-11

小提示

在登录微信账号时，如果忘记了密码，可以在登录界面中点击"找回密码"选项，通过验证电话号码，重新输入并确定新密码完成后续的登录操作。

填写个人资料

微信中的个人资料填写包含设置用户头像、昵称，以及个性签名等，具体操作步骤如下。

01 在智能手机桌面上点击"微信"图标，进入"微信"界面，点击"我"图标，进入相应界面，然后点击最上方的昵称（此处为慕水年华）（图4-12）。

02 进入"个人信息"界面，点击"头像"右侧的图片（图4-13）。

图 4-12

图 4-13

03 进入"头像"界面，在该界面的右上角，点击 ▪▪▪ 按钮（图 4-14）。

04 在弹出的菜单中包含"从手机相册选择"和"保存到手机"两个选项，这里点击"从手机相册选择"选项（图 4-15）。

图 4-14　　　　　　　　　　　图 4-15

05 进入"图片"界面，通过上下滑动浏览相册中的图片，然后点击需要的图片（图4-16）。

06 进入下一个界面，点击并移动矩形框内的图像，也可以通过双指的捏合缩放图片，确定后点击"使用"按钮（图 4-17）。

小提示

在设置头像时，建议使用自拍照作为微信的头像，因为有很多人喜欢通过头像而不是昵称来分辨好友。

图 4-16

图 4-17

07 回到"个人信息"界面，完成头像的设置，如果需要重新设置昵称，则点击"昵称"选项（图4-18）。

08 进入"更改名字"界面，重新输入昵称，然后点击"保存"按钮（图4-19）。

09 回到"个人信息"界面，完成昵称的更改。如果需要添加性别、地区和个性签名信息，则点击"更多"选项（图4-20）。

10 进入"更多信息"界面（图4-21），依次填写性别、地区和个性签名等信息。

图 4-18

图 4-19

图 4-20

图 4-21

小提示

在"个人信息"界面中，微信号以字母开头，由 6 ~ 20

个字母、数字、下画线或减号组成。可以自己自由填写，但注意只能设置一次。在不愿意告诉别人电话号码时，可以告诉他微信号，以此来添加新朋友。这样既不泄露自己的电话号码，又能添加新好友；二维码名片是自己微信号的展示方式，别人可以通过扫描这个二维码来添加你为好友。

退出微信

退出微信有两种选择，第一种是暂时退出微信软件，只需按"返回键"即可。退出之后，现在的聊天记录不会消失，当有新消息时也会推送到通知栏；第二种是退出当前使用的微信账号，这种退出方式，同样不会删除历史记录，只是在下一次登录时需要重新输入密码。下面详细讲解第二种退出方式的操作步骤。

01 在智能手机桌面上点击"微信"图标，进入"微信"界面，点击"我"图标，进入相应界面，然后点击"设置"选项（图4-22）。

02 进入"设置"界面，点击"退出"选项（图4-23）。

03 出现菜单，包含"退出登录"和"关闭微信"两个退出选项，点击"退出登录"选项（图4-24）。

04 出现提醒对话框，提示退出后不会删除任何历史数据，点击"退出"按钮（图4-25），完成微信账号的退出操作。

图 4-22

图 4-23

图 4-24

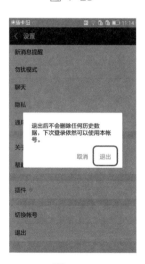

图 4-25

 4.1.2　微信设置很方便

在完成微信账号的注册和个人资料的填写后，还需要对微信的新消息提醒、勿扰模式、隐私等进行设置。通过这些设置可以让你更好地使用微信。

设置消息提醒

很多中老年朋友时常不知道微信来新消息了，导致有些消息不能及时查看并回复。因此，设置消息提醒很有必要，可以帮助中老年朋友及时查看信息，具体操作步骤如下。

01 在"微信"界面中点击"我"图标，进入相应界面，然后点击"设置"选项，进入"设置"界面，点击"新消息提醒"选项（图4-26）。

02 进入"新消息提醒"界面，可以看到一系列的新消息提醒设置选项，点击"接收新消息通知"和"接收语音和视频通话邀请通知"选项右侧的 ◖●◗ 按钮，使其呈绿色显示，则可以第一时间收到新消息；如果要开启新消息的提示声音和振动功能，则点击"声音"和"振动"选项右侧的 ◖●◗ 按钮，使其呈绿色显示（图4-27）。

小提示

如果想设定一个有别于其他软件提示音的提醒铃声，可以点击"新消息提示音"选项，手机界面将会出现许多铃声供你选择，在喜欢的铃声后面的小圆点处点击即可。如果没有进行设置，铃声将会使用手机系统中设置的提示音。

图 4-26

图 4-27

设置声音锁

随着年龄的增长，中老年朋友的记忆力会越来越差，账号和密码总是记不住。为了方便登录微信，可以设置声音锁，这样就可以直接用声音锁登录微信了，具体操作步骤如下。

01 在"微信"界面中点击"我"图标，进入相应界面，然后点击"设置"选项，进入"设置"界面，点击"账号与安全"选项（图4-28）。

02 进入"账号与安全"界面，点击"声音锁"选项（图4-29）。

03 所谓"声音锁"，就是朗读一段数字，制作一把声音钥匙，用你的声音直接登录微信，从而避免忘记密码时的尴尬。在"声音锁"界面中，点击"创建"按钮（图4-30）。

04 进入声音锁创建界面，在界面中按住"按住说话"图标（图4-31），将界面中的数字匀速读出来。

图 4-28

图 4-29

图 4-30

图 4-31

05 在"已完成第一步，请继续"界面中，点击"下一步"按钮（图4-32）。

06 再次进入声音锁创建界面，在界面中按住绿色圆形按钮

（图4-33），将界面中的数字匀速读出来。

图 4-32　　　　　　　　　图 4-33

07 进入声音锁制作完成界面，点击"尝试解锁"按钮（图4-34），再次进入声音锁创建界面，在界面中点击绿色圆形按钮，将界面中的数字匀速读出来。

08 完成声音的验证，并进入"声音验证通过"界面，点击"完成"按钮（图4-35）。

09 进入"声音锁"界面，提示"声音锁已经开启"（图4-36）。

图 4-34   图 4-35   图 4-36

小提示

    关闭声音锁是指关闭当前微信的"声音锁"功能，其声音锁对应的数字没有改变，只是不能用"声音锁"功能登录了，而重设声音锁（图 4-36）后，声音锁对应的数字就会发生改变，在使用"声音锁"功能登录微信时，阅读的数字就会和以前的不同。

设置账号安全

    在微信中不仅可以设置声音锁，还可以进行各种安全设置。

● 更改微信密码

    微信密码如果设置得太简单容易被破解，此时可以通过修改密码来解决。那么，微信怎样修改密码呢？具体的操作方法是：在"账号与安全"界面中点击"微信密码"选项，进入"设置密码"界面（图 4-37），依次输入原密码和新密码并确认密码，再点击"完成"按钮，即可完成微信密码的更改。

● 使用应急联系人

如果中老年朋友忘记了微信登录密码，又没有开启"声音锁"功能，可以添加应急联系人。添加应急联系人后，当用邮箱和 QQ 都无法找回密码时，可以通过应急联系人来找回。具体的操作方法是：在"账号与安全"界面中点击"应急联系人"选项，进入"应急联系人"界面（图 4-38），点击"添加"按钮 +，添加应急联系人即可。

图 4-37

图 4-38

● 微信安全中心

微信用户可以通过微信安全中心提供的各种工具管理微信账号。如果遇到微信号被盗，无法登录等问题时，可以前

往微信安全中心进行处理。具体的操作方法是：在"账号与安全"界面中点击"微信安全中心"选项，进入"微信安全中心"界面（图4-39）。在忘记账号密码时，可以点击"找回账号密码"选项，然后通过绑定的手机号码、QQ号码和邮箱找回密码；在怀疑账号被盗时，可以点击"冻结账号"选项，紧急将微信账号冻结，让盗取微信账号的人不能登录该账号；在解除了账号被盗的安全风险后，可以点击"解冻账号"选项，恢复微信账号的正常使用。

图 4-39

设置勿扰模式

生活中不可能每时每刻都在关注微信，在休息时总是听到微信提醒的声音也是十分让人烦恼的。此时，可以将微信设置为勿扰模式，具体操作步骤如下。

01 在"微信"界面中点击"我"图标，进入相应界面，然后点击"设置"选项，进入"设置"界面，点击"勿扰模式"选项（图4-40）。

02 进入"勿扰模式"界面，点击"勿扰模式"选项右侧的 ⬤▭ 按钮，使其呈绿色显示，即开启勿扰模式（图4-41）。

03 如果需要设置勿扰模式的开始时间和结束时间，可以点击"开始时间"或"结束时间"选项，在出现的"设置时间"对话框（图4-42）中选择相应时间并点击"完成"按钮即可。

图 4-40　　　　　　图 4-41　　　　　　图 4-42

设置隐私

中老年朋友在使用微信时，为了避免自己的信息泄露，可以设置隐私，从而更安全、放心地使用微信，具体操作步骤如下。

01 在"微信"界面中点击"我"图标，进入相应界面，然后点击"设置"选项，进入"设置"界面，并点击"隐私"选项（图4-43）。

02 进入"隐私"界面（图4-44），如果想避免有人随意加自己为好友，可以点击"加我为朋友时需要验证"选项右侧的 按钮，使其呈绿色显示；如果不想陌生人查看自己的朋友圈，则点击"允许陌生人查看十张照片"选项右侧的 按钮，使其呈灰色显示。

图 4-43

图 4-44

设置微信的文字大小

为了方便中老年朋友能看清楚微信界面中的文字，可以对微信的文字大小进行调整。

01 在"微信"界面中点击"我"图标，进入相应界面，然后点击"设置"选项，进入"设置"界面，并点击"通用"选项（图 4-45）。

02 进入"通用"界面，点击"字体大小"选项（图4-46）。

03 进入"字体大小"界面，在下方的控制条上点击白色圆圈，向右移动将文字放大（图4-47）。

图 4-45　　　　　　　图 4-46　　　　　　　图 4-47

⬤ 4.1.3　添加好友打招呼

中老年朋友在拥有了微信号码后，就可以将亲朋好友添加为微信好友了，添加好友后即可与他们进行互动交流了。添加微信好友的方法有多种，下面进行具体介绍。

通过搜索微信号 /QQ 号 / 手机号添加好友

在知道别人的微信号、QQ 号或手机号的情况下，就能通过"搜索"功能进行搜索，然后将搜索出来的联系人添加为好友了，具体操作步骤如下。

01　在"微信"界面中点击"通讯录"图标，进入相应界面，然

后点击界面中的 按钮，在弹出的菜单中点击"添加朋友"选项（图4-48）。

02 进入"添加朋友"界面，点击"微信号/QQ号/手机号"文本框（图4-49）。

图 4-48   图 4-49

03 进入搜索界面，在文本框中输入微信号，此时会自动显示搜索的结果（图4-50）。

04 点击搜索结果，进入"详细资料"界面，点击"添加到通讯录"按钮（图4-51），完成添加好友的操作（图4-52）。

图 4-50　　　　　　　　图 4-51　　　　　　　　图 4-52

通过手机联系人添加好友

如果微信号已经绑定 QQ 号，就能从 QQ 好友中选择朋友加为微信好友。另外，也可以从手机通讯录中选择某人，加为微信好友。其具体操作方法是：在"添加朋友"界面中点击"手机联系人"选项，进入"查看手机通讯录"界面（图4-53），如果你和某人还没有建立微信通讯关系，那么该联系人右侧就会出现绿色的"添加"按钮。此时可以点击"添加"按钮，发送添加请求，等待对方接受后即可添加为好友。

通过手机扫码添加好友

每个微信用户都会有一个对应的、唯一的微信二维码，通过扫描这个二维码可以找到该用户，并将其添加为好友。其具体的操作方法是：点击"添加好友"界面中的"扫一扫"选项，进入"二维码/条码"界面（图4-54），如果摄像头被禁用，需要允许微信使用摄像头，将摄像头对准对方出示的二维码，当二维码位于"扫一扫"方框中时，绿色光线会对二维码上下扫描，这个微信号的信息就会摄入微信之中。

图 4-53　　　　　　　图 4-54

通过雷达添加好友

通过雷达加好友就是两个人在一起，不用输入对方的微信号，而是直接用手机"雷达"通过相互搜索，来添加对方为好友的方式，这种添加好友的方式一般在好友聚会时使用，具体操作步骤如下。

01　在微信"通讯录"界面中点击 ➕ 按钮，在弹出的菜单中点击"添加朋友"选项，进入"添加朋友"界面，点击"雷达加朋友"选项（图4-55）。

02　进入雷达扫描界面，通过雷达扫描身边的朋友，稍后显示出扫描结果，点击好友的头像（图4-56）。

03　进入下一个界面，点击"加为好友"按钮（图4-57），完成好友的添加操作。

图 4-55

图 4-56

图 4-57

4.2　聊天分享新鲜事　　　

　　现在，微信已经成为人们生活中最常用的交流工具，微信的交流方式非常丰富，通过微信不但可以给好友发送文字、语音、视频和有趣的表情，也可以将自己的最新状况发送到微信朋友圈和大家一起分享，还可以一起阅读公众号中的文章。

4.2.1　语音聊天很方便

　　很多中老年朋友因为年龄大了，不太喜欢发文字信息。微信为广大用户提供了语音消息功能，开口说话就能发送消息，具体操作步骤如下。

01 在"微信"界面中点击"通讯录"图标，进入相应的界面，点击需要进行语音聊天的联系人（图4-58）。

02 进入"详细资料"界面，点击"发消息"按钮（图4-59）。

图 4-58

图 4-59

03 进入聊天界面，在该界面下方点击文本框左侧的"语音输入"按钮（图4-60）。

04 出现"按住 说话"按钮（图4-61），准备说话前，按住该按钮。

小提示

　　微信中一段语音最长为 1 分钟，并且在最后 10 秒时会出现倒计时提醒，1 分钟过后会自动停止录音。如果在录音中途不想发送这条消息了，可以将手指向上滑动，即可放弃发送这段语音信息。

图 4-60　　　　　　　　　　　图 4-61

05 手机屏幕上会出现一个话筒的图形（图4-62），这说明手机处在录音状态，此时可以说话录音了。

06 话说完后松开手指，即可自动发送刚录制好的这段语音消息（图4-63）。

图 4-62　　　　　　　　　　　图 4-63

小提示

　　微信的聊天功能非常丰富，不仅可以进行文字和语音消息的发送，还可以进行语音通话和视频通话。在好友的"详细资料"界面中点击"视频通话"按钮，在弹出的菜单中包含"视频通话"和"语音通话"两种聊天方式（图4-64），点击"视频通话"选项，进入相应界面，给好友发送视频通话邀请（图4-65），对方就会接到视频的邀请，当对方选择接受邀请之后，就能进行视频通话了；如果要进行语音通话，点击"语音通话"选项，进入相应界面，给好友发送语音通话邀请（图4-66），对方就会接到语音的邀请，当对方选择接受邀请之后，就能进行语音通话了。

图 4-64

图 4-65

图 4-66

◐ 4.2.2　朋友圈里新鲜事

　　微信朋友圈是一个分享生活状态的平台，许多微信好友都会将日常生活的点滴分享给大家。中老年朋友可以借此了解孩子和朋友的生活近况。

查看朋友圈

朋友圈是微信用户比较喜爱的一个功能，它能将生活中的所见所闻展示出来，让好友能看到自己的生活状态。朋友圈一般包含头像、名称、文字、表情、图片、发表时间以及共同好友的点赞与评论等多个内容，查看朋友圈的具体操作步骤如下。

01 在"微信"界面中点击"发现"图标（图4-67）。

02 进入相应界面，点击"朋友圈"选项（图4-68）。

03 进入朋友圈界面，即可查看到好友发布的朋友圈信息（图4-69）。

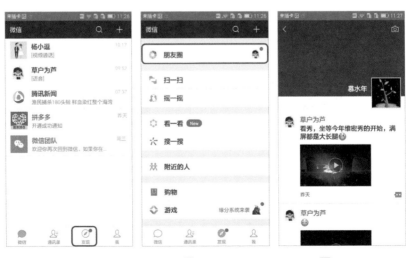

图4-67　　　　　　　图4-68　　　　　　　图4-69

给朋友圈点赞或评论

中老年朋友如果看到好友发布的朋友圈信息后，觉得很好，或者想对好友说点什么，可以进行点赞或评论，具体操作步骤如下。

01 进入微信朋友圈界面，浏览好友动态，在想要点赞的信息右下角点击"评论"按钮 ▭ ，在弹出的菜单中点击"赞"图标（图4-70），即可给好友的朋友圈信息点赞，点赞的标记会出现在该条朋友圈信息之下（图4-71）。

图 4-70

图 4-71

02 如果需要评论这条朋友圈信息，可以在微信朋友圈界面中点击"评论"按钮 ▭ ，在弹出的菜单中点击"评论"图标，在出现的文本框中输入内容后点击"发送"按钮（图4-72），即可评论好友的朋友圈信息并查看评论效果（图4-73）。

图 4-72

图 4-73

发布自己的朋友圈

中老年朋友还可以在朋友圈中发布自己的动态消息，与亲朋好友一起分享自己生活中的点滴。

01 进入微信朋友圈界面，点击"相机"图标，在弹出的菜单中选择"从相机选择"选项（图4-74）。

02 进入"图片和视频"界面，点击勾选需要发布的照片或视频的复选框。选择完毕后，点击"完成"按钮（图4-75）。

03 进入"发表"界面，在文本框中输入文字消息，然后点击"发表"按钮（图4-76）。

图 4-74   图 4-75   图 4-76

小提示

如果只是发布文字信息而不带图片，则可以长按"相机"图标，此时就不会出现选择菜单（图 4-74）。另外，如果是在旅游途中"现拍现发"，则此处应该选择"拍摄"选项。

---

04 此时已完成朋友圈的发布（图4-77），在发布朋友圈时，如果想只发布照片而不配文字内容，则直接点击"发表"按钮即可。

小提示

如果中老年朋友同时使用 QQ 和微信，在微信中发布朋友圈时，可以将发布的内容同时发布到 QQ 空间中，省去在QQ 空间中另行发布"说说动态"的时间。其操作也很简单，只要在点击"发表"按钮之前，点击界面下方的"QQ 空间"

图标（图 4-78），然后再点击"发表"按钮即可。

图 4-77

图 4-78

4.2.3　公众号里文章多

　　微信公众号是开发者或商家在微信公众平台上申请的应用账号。通过公众号，商家可在微信平台上通过文字、图片、语音、视频等方式与特定人群进行全方位沟通和互动。

添加微信公众号

　　微信公众号数量众多，所以在添加时一定要仔细查看，以免碰上"恶意"公众号。下面介绍添加微信公众号的具体操作步骤。

01 在"微信"界面中点击"通讯录"图标，进入相应界面，点击"公众号"选项（图4-79）。

02 进入"公众号"界面，该界面中显示已有的公众号列表，如果需要添加新的公众号，则点击界面右上角的＋按钮 **十**（图4-80）。

03 进入添加公众号界面，点击文本框，输入文本"养生"（关键词），此时会自动显示对应的"热词"，点击"养生知识"选项（图4-81）。

图 4-79　　　　图 4-80　　　　图 4-81

04 进入"养生知识"搜索结果界面，界面中显示了多个公众号，点击"养身知识"公众号（图4-82）。

05 进入该公众号界面，这里展示了该微信公众号的四项信息——头像、名称、功能介绍以及原创文章数量，有些公众号可能会有更详细的资料。如果要关注该公众号，可以点击"关注"按钮（图4-83）。

图 4-82

图 4-83

06 进入"养身知识"信息推送界面，在该界面中可以查看到
"养身知识"的相关消息，如果要查看往期消息，可以点
击"往期回顾"按钮（图4-84）。

07 进入往期回顾界面（图4-85），在"历史消息"列表中，用
手指向下滑动，点击需要浏览的文章。

08 进入文章界面，浏览公众号中提供的文章（图4-86）。

小提示

　　如果不想再关注某个公众号了，可以选择"不再关注"
选项，其具体操作方法是，点击公众号名称，进入公众号的
消息界面，点击右上角的菜单图标（3个点），就会出现该
公众号的详细资料，然后再点击右上角的图标，在出现的菜
单中（图4-87）点击"不再关注"选项即可。

图 4-84

图 4-85

图 4-86

图 4-87

查找微信公众号

很多刚接触微信公众号的中老年朋友不知道该如何找到自己想关注的公众号，下面介绍几种查找微信公众号的方法。

● 通过二维码查找

很多的微信公众号都会将账号以二维码的方式公布出来，在日常生活中，公众号二维码随处可见，如果对它感兴趣就可以通过扫描二维码来添加。

打开微信，点击微信界面右上角添加 + 图标，在出现的界面中点击"扫一扫"选项，扫描成功后就会出现该二维码所对应的公众号的详细信息，仔细查看信息后点击"关注"按钮即可。例如，看到了央视新闻的公众号二维码（图4-88），若是对它的内容感到好奇，就可以对它进行扫描，并用绿色方框框住二维码，等待绿色光线上下扫描并出现公众号的信息。

图 4-88

● 通过搜索名称查找

点击微信界面右上角的添加 + 图标，在弹出的菜单中点击"添加朋友"选项，然后在"添加朋友"界面中点击"公众号"选项，在搜索栏中输入相关文字，例如："旅游"，之后点击"搜索"，就会出现所有名称中带有"旅游"两字的公众号（图4-89）。之后就可以在这些公众号中选择要关注的公众号了。

　　输入的搜索词不需要特别精准，只需要是相关类别就可以。例如，要搜索当地图书馆的微信公众号，但是又不知道准确的名称，就可以输入"图书馆"，然后在搜索的结果中查找当地图书馆的公众号。

● 点击文章顶部的名称

　　在看到一篇文章时，如果被它的内容所吸引，可以直接在文章中找到它的公众号。在文章的顶部会有文章的标题，在标题下面会有发表的日期以及一串蓝色文字，这串蓝色的文字就是公众号的名称（图 4-90）。点击蓝色文字，界面就会变成该公众号的详细资料界面，点击"关注"按钮即可关注该公众号。

图 4-89

图 4-90

4.3　微信钱包有大用

　　微信钱包是微信中用来发红包、转账、收付款和基金理财的工具。微信具有支付功能，不仅在生活中能用微信钱包代替现金进行支付，也免去了找零钱的烦恼。在过年过节时，还能通过发送微信红包的方式来表达祝福。本节详细介绍微信钱包的作用及使用方法。

4.3.1　绑定网上银行卡

　　中老年朋友在第一次使用微信钱包时，需要绑定银行卡才能使用微信钱包的相关功能，具体操作步骤如下。

01　在"微信"界面中点击"我"图标，进入相应界面，点击"钱包"选项（图4-91）。

02　进入"我的钱包"界面，点击"银行卡"图标（图4-92）。

03　进入"银行卡"界面，点击"添加银行卡"选项（图4-93）。

04　进入"添加银行卡"界面（图4-94），在中间的文本框中通过点击数字键盘，输入支付密码。

图 4-91

图 4-92

图 4-93

图 4-94

05 进入"添加银行卡"界面，在界面中的"持卡人"和"卡号"文本框中依次输入持卡人和卡号信息，然后点击"下一步"按钮（图4-95）。

06 进入"填写银行卡及身份信息"界面，选择相关银行银行卡的"卡类型"，然后按要求填写个人信息和手机号，并点击"下一步"按钮（图4-96）。

图 4-95

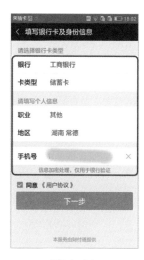

图 4-96

小提示

在输入卡号时注意不要输入错误，银行卡号都是由数字组成的，不会出现英文字母，但是可能会碰到疑似英文字母的情况，就像有些银行卡会将 6 印制成 b、9 印制成 q，在输入时一定不要输入成字母。

---

07 进入"验证手机号"界面，当手机中收到银行发来的验证短信后，在"验证码"文本框中输入验证码，然后点击"下一步"按钮（图4-97）。

08 进入下一个界面，提示用户"你已添加工商银行储蓄卡"（添加的银行卡不同，该信息会有差别），然后点击"完成"按钮（图4-98），完成银行卡的添加操作。

图 4-97　　　　　　　　　　图 4-98

4.3.2　红包、转账要会用

如今，用微信发红包或转账已经成为会熟练使用微信的标志，尤其是抢红包已经成为过年时最为流行的游戏之一，连平时不太喜欢玩手机的人也是手机不离手，生怕错过了红包。

发送微信红包

微信红包分为两类，拼手气群红包和普通红包，普通红包可以单个发送，拼手气群红包则是发送到微信群中。下面分别进行介绍。

● 普通红包

普通红包可以单独发送给微信好友，每次发的红包不得超过 200 元，具体操作步骤如下。

01 在"微信"界面中点击需要发送红包的好友，进入聊天界面，点击 ⊕ 按钮，出现工具界面，点击"红包"图标（图 4-99）。

02 进入"发红包"界面，输入红包发送的金额，点击"塞钱进红包"按钮（图4-100）。

图 4-99

图 4-100

03 进入"请输入支付密码"界面（图4-101），在"密码"文本框中输入支付密码。

04 返回聊天界面，完成红包的发送（图4-102）。

图 4-101

图 4-102

● 拼手气群红包

拼手气群红包，即红包将会发送到微信群中，该微信群中的每个人都可以领取，具体操作步骤如下。

01 在"微信"界面中点击需要发送红包的微信群，进入聊天界面，点击 ⊕ 按钮，出现工具界面，点击"红包"图标，进入"发红包"界面，输入红包总金额和红包个数，点击"塞钱进红包"按钮（图4-103）。

02 进入"请输入支付密码"界面，输入支付密码，完成微信群红包的发送（图4-104）。

03 在发送了微信群红包后，自己也可以抢红包，点击微信群里的红包，出现开启红包界面，点击"开"按钮（图4-105）。

图 4-103　　　　　　图 4-104

04 进入"红包详情"界面，这里显示了打开红包后所获得的金额（图4-106）。

图 4-105　　　　　　图 4-106

小提示

收到红包时微信会有提醒，进入微信界面即可看到新的聊天记录，点击进入就会发现红包。通常接到红包有两种情况，一是微信群红包，这代表这个微信群中的人都可以抢红包，所以如果想抢到红包就需要比别人先点击红包；另一种是微信好友专门发送的红包，意味着只有他指定的人才能打开红包，这种情况就不需要与大家拼速度了，但是需要在 24 小时之内点击接收红包，超过 24 小时红包会原路返还给发送红包的人。

微信转账

微信转账不需要对方是好友，只要通过扫描等形式，就可以把自己的资金转给对方。通过转账过来的资金可以看到相应的金额，如果转错了账，只要已经成功发送，将无法撤回，对方确认收款后，只有和对方协商或者通过报警来追回资金。因此，中老年朋友在使用微信转账时一定要慎重，具体操作步骤如下。

01 在"微信"界面中点击需要转账的好友，进入聊天界面，点击 ⊕ 按钮，出现工具界面，点击"转账"图标（图 4-107）。

02 进入"转账"界面，输入转账金额，点击"转账"按钮（图 4-108）。

03 进入"请输入支付密码"界面（图4-109），在"密码"文本框中输入支付密码。

04 进入"支付成功"界面，提示"待×××确认收钱"，点击"完

成"按钮（图4-110），完成转账操作。

图 4-107

图 4-108

图 4-109

图 4-110

小提示

　　为了安全起见，最好在"支付管理"中设置微信转账延迟功能。这样，一旦发现转账错误，就可以在没有到账的时间内，及时请求客服帮助，追回转错账的资金。在"我的钱包"界面中点击██按钮，进入"支付中心"界面，点击"支付管理"选项（图 4-111），进入"支付管理"界面，点击"转账到账时间"选项（图 4-112），进入"转账到账时间"界面（图 4-113），选择不同的选项，设置不同的到账时间。

图 4-111　　　　　　图 4-112　　　　　　图 4-113

4.3.3 微信支付"扫一扫"

　　中老年朋友在出去购物时如果忘记带钱包了，没关系，用微信支付功能"扫一扫"就可以付款。

微信付款

使用微信付款有两种方式，一种是扫一扫商家的二维码进行付款，这种方式的操作方法是：打开微信中的"扫一扫"功能，扫描商家的二维码，再输入付款的金额；另一种是让商家扫描自己的付款二维码进行付款。下面将讲解第二种微信付款方式的操作方法。

01 在商场或店铺中付款时，打开微信，点击"我"图标，进入相应界面，点击"钱包"选项，进入"我的钱包"界面，点击"收付款"图标（图4-114）。

02 进入"收付款"界面，在界面中需要开启付款功能，才能进行支付，点击"立即开启"按钮（图4-115）。

图 4-114

图 4-115

03 进入"开启付款"界面，该界面中提示"请输入支付密码，以验证身份"，输入支付密码（图4-116）。

04 进入"向商家付款"界面，界面中包含一个二维码，商家扫描这个二维码就能完成支付（图4-117）。

图 4-116

图 4-117

微信收款

微信支付不仅能够付款，也能够收款。当需要向其他人收款时，可以打开微信，点击"我"图标，进入相应界面，点击"钱包"选项，进入"我的钱包"界面。点击"收付款"图标，进入"收付款"界面，点击"二维码收款"选项，进入"二维码收款"界面（图4-118），让对方扫描收款二维码并输入付款金额即可收款。

图 4-118

【小技巧】摇一摇能摇什么？

　　微信摇一摇是微信推出的一个随机交友功能，通过摇手机或点击按钮模拟摇一摇，可以匹配到同一时段触发该功能的微信用户，从而增加用户之间的互动。

　　微信摇一摇功能繁多，可以摇"人"，摇出来跟你同一时刻在摇手机的那一位朋友，还可以摇"歌曲"和"电视"。

通过摇一摇添加好友

01　在"微信"界面中点击"发现"图标，进入相应界面，点击"摇一摇"选项（图4-119）。

02　进入"摇一摇"界面，点击"人"图标（图4-120）。

图 4-119

图 4-120

03 摇一摇手机就可以显示摇出的结果，点击陌生人头像（图4-121）。

04 进入"详细资料"界面，点击"打招呼"按钮（图4-122），就可以与陌生人打招呼了。

图 4–121

图 4–122

小提示

　　虽然摇一摇方便了我们与陌生人之间的沟通，但是我们要注意自己的人身及财产安全，不要与对方产生资金上的往来。

摇一摇歌曲和电视

　　当大家听到了一首很好听的歌曲，但是不知道歌名时，可以打开微信中的"摇一摇"界面，点击"歌曲"图标，然后摇一摇，此时会自动识别歌曲。在看电视的时候，使用微信摇一摇，可以识别节目，参与电视台举办的活动。

第 5 章

会网购，在家轻松选商品

 内容摘要

淘宝、京东怎么买

商品物流与售后

手机支付很方便

滑动解锁

很多中老年朋友不喜欢逛街，买衣服都是直来直去，买完就回家。现在网络上有很多购物平台，如淘宝、京东和苏宁易购等，购物可以不出门，用一部智能手机就能搞定。

本章将详细讲解使用智能手机网上购物的方法，帮助中老年朋友熟练使用淘宝、京东等购物平台，体验网上购物带来的方便与乐趣。

5.1 淘宝、京东怎么买

以前，人们在网上购物还必须通过网页购物平台才能完成，自从有了各种手机购物软件后，中老年朋友在智能手机中下载并安装淘宝、京东等购物软件，并注册一个账号，即可在网上购物了。由于网购商品比不上实体店商品来得真实，只能通过图片、产品说明、他人的购物评价来判断商品的优劣，因此，在选购网上商品时，一定要仔细挑选。

5.1.1 注册账号要完整

在使用淘宝或京东购物之前，首先要拥有一个账号，在注册账号时要将账号的昵称、电话号码、地区以及密码等资料填写完整。

注册手机淘宝账号

手机淘宝是淘宝网官方出品的手机应用软件，具有搜索、比价、订单查询、购买、收藏、管理和导航等功能。在注册淘宝账号进行购物之前，需要先下载并安装手机淘宝软件，在"手机淘宝"界面中点击"注册 / 登录"按钮，进行账号注册操作，具体操作步骤如下。

01 在智能手机桌面中点击"手机淘宝"图标，进入手机淘宝界面，点击"注册/登录"按钮（图5-1）。

02 进入"淘宝账户登录"界面，如果还没有淘宝账号，则点击"注册"选项（图5-2）。

图 5-1

图 5-2

03 此时会进入"注册"界面（图5-3）。注册淘宝账号时需要使用手机号，输入手机号后，再输入验证码，然后点击"下一步"按钮。

04 此时，进入"填写校验码"界面，手机淘宝将会通过短信，在1分钟以内发送一个6位的校验码到相应的手机上。在收到短信后不要将校验码给别人看，也不要把它转发出去。将该校验码输入"短信校验码"文本框中点击

"下一步"按钮（图5-4）。

图 5-3   图 5-4

小提示

　　注册淘宝账号时用的电话号码或者邮箱号一定是之前没有注册用过的，否则无法注册。

05 进入"注册"界面，提示"当前手机号已注册，你可以直接登录"，此时可以点击下面的"使用邮箱继续注册"按钮（图5-5）。

06 进入"使用邮箱账户"界面，在文本框中输入电子邮箱地址，然后点击"下一步"按钮（图5-6）。

图 5-5　　　　　　　　　　　　图 5-6

07 进入"账户注册|淘…"界面，登录邮箱后，需要设置"登录密码"和"会员名"，设置完成后点击"确定"按钮（图5-7）。

08 进入下一个界面（图5-8），完成淘宝账户的注册，界面会出现注册成功的相关信息。

小提示

　　每人可以注册 N 个淘宝账号，但是在对应的支付宝实名认证时，一张身份证（即一个人）最多可以进行 3 个支付宝实名认证。也就是说，每个人最多可以拥有 3 个经过支付宝实名认证的淘宝账号。在一定额度以下，即使账号未经过实名认证，也可以购买产品。但是如果所购买的商品金额超过一定额度，则必须完成实名认证才可进行付款及确认收货操作，具体额度为 1000 元（累计金额，不会清零）。

图 5-7 图 5-8

设置收货地址

在使用淘宝账号购买商品之前，需要先设置正确的收货地址，这样才能确保付款后能够收到购买的商品，具体操作步骤如下。

01 在"手机淘宝"界面中点击"我的淘宝"图标，进入相应界面，点击界面右上角的"设置"选项（图5-9）。

02 进入"设置"界面，点击"我的收货地址"选项（图5-10）。

03 进入"我的收货地址"界面，点击"添加收货地址"按钮（图5-11）。

04 进入"添加收货地址"界面（图5-12），在该界面中依次输入收货人、手机号码、详细地址等信息，输入完成后，点击界面右上方的"保存"选项，即可完成收货地址的添加。

图 5-9

图 5-10

图 5-11

图 5-12

> **小提示**
>
> 　　在设置收货地址时，如果想将新添加的地址设置为默认地址，可以在"添加收货地址"界面中点击"设置默认地址"选项右侧的按钮，使其呈绿色显示。

设置淘宝账户的安全性

　　淘宝账号一般都是绑定了支付宝的，因此，设置好淘宝账户的安全性至关重要。中老年朋友在设置淘宝账号密码时一定要设置得复杂一些，最好用英文 + 数字组合。如果需要更改淘宝账号的密码，可以在图 5-13 所示的界面中点击"账户与安全"选项，进入"账户与安全"界面（图 5-14），点击"设置登录密码"选项可以更改登录密码；点击"支付宝绑定设置"选项可以重新绑定支付宝账户。

图 5-13

图 5-14

注册"京东"手机账号

　　"京东"是一款手机购物软件，具有下单、查询订单、订单跟踪等全面的购物功能。在注册京东账号进行购物之前，需要先下载并安装"京东"软件，具体操作步骤如下。

01　在智能手机桌面中点击"京东"图标（图5-15）。

02　在第一次登录"京东"时，出现"京东隐私政策"提示界面，点击"同意"按钮（图5-16）。

图 5–15　　　　　　　　　　图 5–16

03　进入"京东"主界面，点击"我的"图标（图5-17）。

04　进入相应界面，点击"登录/注册"按钮（图5-18）。

05　进入相应界面，点击"新用户注册"按钮，出现"注册协议及隐私政策"界面，点击"同意"按钮（图5-19）。

图 5-17

图 5-18

06 进入"手机快速注册"界面，输入电话号码（图5-20），然后点击界面中的滑块并向右滑动。

图 5-19

图 5-20

07 出现"安全验证"对话框（图5-21），用手指根据箭头路线滑动。

08 进入"新用户注册"界面，提示该手机号已绑定京东账号，如果不是自己的京东账号，则点击"不是我的，继续注册"按钮（图5-22）。

图 5-21

图 5-22

09 进入"新用户注册"界面，等待手机收到验证码后将其输入文本框，点击"下一步"按钮（图5-23）。

10 进入下一个界面，输入账号的登录密码，点击"完成"按钮（图5-24）。

11 出现"确认解绑并注册"界面，提示用户是否确认解绑账号并注册账号，点击"确定"按钮（图5-25），完成京东账号的注册。

图 5-23 图 5-24 图 5-25

京东账号实名认证

实名认证是对京东用户资料真实性进行的一种验证审核工作。一般有银行卡认证和身份证认证两种方式，可以避免一部分网络诈骗行为的出现。

在"京东"界面中点击"我的"图标，进入"我的"界面，点击"设置"按钮，进入"账户设置"界面，点击"实名认证"选项（图 5-26），进入"实名认证"界面（图 5-27），在该界面中输入"真实姓名"和"身份证号"，然后点击"下一步"按钮，开始进行实名认证操作。

> **小提示**
>
> 在"京东"软件中，点击"账户设置"界面中的"地址管理"选项，进入"地址管理"界面，按照与淘宝类似的方法添加收货地址。

图 5-26

图 5-27

⬤◯ 5.1.2 选购商品看仔细

在互联网上进行购物不仅节省了时间，免除了舟车劳顿，还有机会买到在本地市场难觅的商品。但是，在网上购物时看不到实际商品，因此，中老年朋友在网上购物时需要仔细识别网上商品的真伪。

在网上选购商品的方法有两种，一种是通过搜索框直接搜索目标商品；另一种是通过类别查找目标商品，下面将对这两种方法分别进行介绍。

通过搜索框直接搜索目标商品

下面以"手机淘宝"为例，介绍通过搜索框搜索目标商品的方法。

01 在智能手机桌面上点击"手机淘宝"图标，进入"手机淘

宝"界面，点击搜索框（图5-28）。

02 输入商品名称"老年钙片"，点击"搜索"按钮（图5-29）。

图 5-28　　　　　　　　　图 5-29

03 此时出现搜索结果列表，列表中列出多种老年钙片，如果不知道怎么选，可以根据产品的销量进行选择，点击"销量"选项（图5-30）。

04 此时会根据产品销量排列产品，点击销量最高的商品（图5-31）。

05 进入商品界面（图5-32）查看商品的相关信息。

06 如果需要查看商品的产品参数，在商品界面中点击"产品参数"选项，出现"产品参数"界面，查看并确认后，点击"完成"按钮（图5-33）。

图 5-30

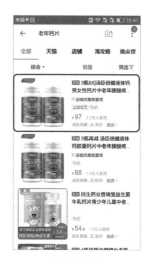

图 5-31

07 如果需要查看商品的详情，则可以点击"详情"选项，进入商品详情界面查看商品详情（图5-34）。如果准备购买，点击"加入购物车"或"立即购买"按钮。

图 5-32

图 5-33

图 5-34

通过类别查找目标商品

下面以"京东"为例，介绍通过类别查找目标商品的方法。

01 在智能手机桌面中点击"京东"图标，进入"京东"界面，点击"分类"图标（图5-35）。

02 进入分类界面，点击"家用电器"选项（图5-36），进入"家用电器"界面。

图 5-35　　　　　　　　　　　图 5-36

03 用手指在"家用电器"分类界面中滑动，然后点击"养生壶"图标（图5-37）。

04 进入分类列表界面，点击心仪商品（图5-38）。

05 进入商品界面，查看产品的详细信息，如果对商品满意，准备购买，点击"加入购物车"按钮（图5-39）将商品加入购物车，填写收货地址并付款，完成商品的购买操作。

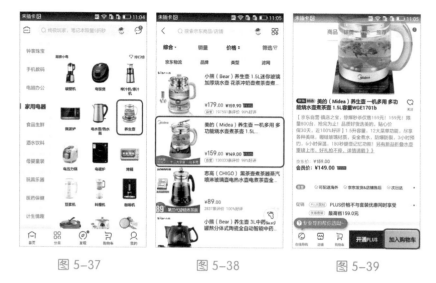

图 5-37　　　　　　　图 5-38　　　　　　　图 5-39

网上选购商品注意事项

在网上选购商品时，首先要看商品的销售量，销售量大，说明其比较受顾客喜爱，质量和其他方面也相对较好；其次看评价，评价大多是好评的，说明该商品真的不错，值得放心购买。另外还要仔细看商品图片，分辨是由厂家提供的官方宣传照片还是店主自己拍摄的实物照片，而且还要注意图片上的水印和店铺名，因为有些店家会盗用其他人制作的图片。

中老年朋友在网上选购商品时还要注意以下几点。

● 尽量挑选实物拍摄的商品

淘宝和京东中的店铺很多，相同的商品可以同时搜到很多种，因此，在选购时一定要看仔细。有些图片虽然很漂亮，但是并不是用实物拍摄的，多多少少会和实物有差距，所以，尽量在用实物拍摄的店铺进行购买。

● 仔细阅读商品描述

一般细心的卖家都会把商品描述写得很详细，例如，商品的材质、产地等信息。因此，中老年朋友在选购商品时，一定要在商品描述界面中阅读清楚。

● 便宜不一定是好货

一般情况下，同样的商品、同样的照片，大家一定会先购买便宜的那件。不过中老年朋友在选购时，一定要分清楚，便宜的那件和稍贵的那件，是一样的材质吗？一样的规格吗？然后再决定是否购买。

◖ 5.1.3　商品信息沟通好

淘宝和京东等购物网站中都建立了比较详细的商品信息模板，要求卖家在上传商品时尽可能提供详细的商品信息，以在网站中显示，为买家提供参考。但是，还是有些商品细节不够详细或者买家想要更多地了解商品特点，这时就需要中老年朋友与店家沟通。

无论是京东还是淘宝，它们都有客服，在购买商品时，可以直接点击客服或在线导购，通过在线聊天功能与卖家沟通。

在淘宝网中了解商品信息

在淘宝网购买商品时，如果需要向卖家了解商品的其他信息，则可以在商品店铺界面中点击"客服"图标（图 5-40），进入该店铺的客服聊天界面（图 5-41），点击文本框，输入想要咨询的内容，一般客服会进行详细的解答。

图 5-40　　　　　　　　图 5-41

在京东网中了解商品信息

在京东网购买商品时，经常会遇到各种问题，如商品详情、交易详情、活动详情、订单详情等，需要联系京东客服来解决这些问题。其具体操作方法是，在京东的商品界面中，点击"在线导购"图标（图 5-42），进入该店铺的客服聊天界面（图 5-43），点击文本框，输入想要咨询的内容，客服一般会进行详细的答复。

图 5-42

图 5-43

◯ 5.1.4　货比三家看信用

中老年朋友买东西时都喜欢货比三家，觉得这样才能买到称心如意的商品。其实，网上购物也需要货比三家，因为网上购物时只能看到商品的照片，只能根据卖家对商品的描述来了解该商品的详细资料，事实上，没有一个卖家会说自己的商品不好。因此，大家在网上购物时要看的是其他买家对这件商品的评价。

不论是在手机淘宝还是在京东软件中，都可以查看评价界面中的买家评价。例如，在手机淘宝软件中，进入商品购买界面，点击"评价"选项，进入"评价"界面，其中显示了其他买家的购物评价，如果还需要查看更多的购物评价，则可以点击"查看全部"选项（图 5-44），展开"评价"界面（图 5-45），用手指在手机屏幕上滑动，查看其他买家的购物评价，再根据评价来了解卖家的服务特点，也可以分析卖家是否诚信。如果看到如"这件产品非常好，质量上乘""卖家很爽快""卖家发货超级快"之类的评价，说明这个卖家的商品不错且值得信赖，可以放心购买这家店铺的商品。

图 5-44

图 5-45

小提示

　　在查看商品的购物评价时，有好评、中评和差评的评价等级，中老年朋友最好将好评和差评都看一下，这样才能判断商品的优劣。

5.2　商品物流与售后

　　中老年朋友在网上购买商品后，为了防止商品丢失，可以实时查看商品的物流信息，以便追踪商品订单。而且，为了保障商品的质量和自己不被骗，在收到商品后，需要先验货，确认商品没有问题，再在手机淘宝或京东软件中确认收货。如果在验货过程中或商品使用过程中发现质量问题，可以对商品进行退换货处理。

5.2.1　商品物流怎么看

　　很多中老年朋友在网上购买商品后，希望可以实时跟踪商品订单的去向，下面进行详细的介绍。

01　在手机淘宝中购买商品后，如果要查看商品物流，则点击"我的淘宝"图标，进入相应界面，点击"待收货"图标（图5-46）。

02　进入"我的订单"界面下的"待收货"列表中，列表中显示待收货的商品信息，点击"查看物流"按钮（图5-47）。

03　进入物流界面，用手指在界面中滑动，查看商品的全部物流信息（图5-48）。

图 5-46　　　　　　图 5-47　　　　　　图 5-48

⬤ 5.2.2　确认收货先验货

中老年朋友在网上购买商品后，必须在收到商品后先验货，再确认收货。以免商品质量不好，又付了钱，造成财产损失。

在验货之前，必须掌握商品的验货方法，下面将分别进行介绍。

※ 中老年朋友务必在收到商品时验货。如果验收商品时发现商品包装破损、商品短缺或错误、商品存在表面质量问题等，可以在现场向配送人员指出后拒收整个包裹。对于有塑封包装或开箱即损贴纸的商品，如果买家已打开塑封包装或撕开开箱即损贴纸，则不可拒收，但是商品短缺或错误、商品存在表面质量问题的除外。

※　中老年朋友验收商品后确认商品的名称、数量、价格
等信息无误，商品包装完好、商品表面没有划痕、破
损等表面质量问题，请在发货单正面客户签收处签字
确认。有买家或买家委托的收货人的签字表示买家已
确认商品无误，商家有权不接受以此为由的退换货。

　　中老年朋友在验货完成后，还需要在手机淘宝或京东软
件的"我的订单"界面中，点击"待收货"列表下的"确认
收货"按钮（图5-49），出现"请输入支付密码"界面，输
入支付密码，点击"确认"按钮（图5-50），即可确认收货。

图 5-49

图 5-50

小提示

　　在确认收货后，还可以对商品的质量、物流速度等进行评
价。其操作方法是在手机淘宝的"交易成功"界面中点击"立

即评价"按钮（图5-51），进入"发表评价"界面（图5-52），
在文本框中输入评价内容，并在"店铺评分"区域点击星形图
标，为店铺评分，然后点击"发布"按钮发布评价内容。

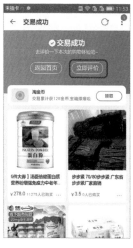

图 5-51

图 5-52

5.2.3　出现问题可退货

现在，网上购物越来越普及，快递业也在迅猛发展，带
动城镇、农村都加入网购的大家庭。但是网购的退款、退货
问题该如何操作，也成了很多中老年朋友经常面对的问题。

处理退换货

很多中老年朋友在收货后，发现商品有问题，想退换货
又不知道该怎么操作。一般情况下，很多商品都具有"7 天
无理由退换货"的承诺，因此，当购买的商品出现问题后，
可以直接在淘宝的"我的订单"界面中对商品进行退换货处理，

具体操作步骤如下。

01　在"手机淘宝"界面中点击"我的淘宝"图标,进入相应界面,点击"查看更多订单"选项,进入"我的订单"界面,在订单列表中,点击要退换货的订单选项(图5-53)。

02　进入"订单详情"界面,点击"申请售后"按钮(图5-54)。

图 5-53

图 5-54

03　进入"选择服务类型"界面,其中包含仅退款、退货退款和换货3种服务类型,这里点击"退货退款"选项(图5-55)。

04　进入"申请退款"界面(图5-56),在界面中依次填写"退款原因"和"退款说明",并上传商品有问题的凭证,然后点击"提交"按钮,即可申请退款,等待卖家通过后,就可以退货退款了。

图 5-55

图 5-56

小提示

　　申请退款、退换货前，最好与卖家协商一致，而且商品要退款、退换货的凭证要充足。

网购退货注意事项

在购物网站中进行退换货时，要注意以下几点。

※　退货请在物流显示签收日期的 7 日内退回，超过时间不能退货。

※　若衣服已摘吊牌、穿着、洗涤等，或人为损坏，将不能退换货。

※　关于质量问题提供的照片一定要清晰和明确，以便客服人员准确判断，以免收到货后发现不是质量问题，

而给双方带来麻烦。

※ 请记录好退货的物流单号，如果不能确定是否收到货，将以提供的物流单号为准，如果提供不了，商家将不予处理。

※ 注意卖家对于物流运输的要求，卖家一般不接收到付运费的包裹和平邮信件。

5.3　手机支付很方便 ⊕

目前，在网上购物、缴费时都会用到手机支付功能。手机支付能够使支付、转账、缴费变得更轻松，摆脱排队的烦恼，为人们的生活带来了极大的便利。

5.3.1　支付宝使用攻略

支付宝是支付宝公司推出的集手机支付和生活应用为一体的手机软件，通过加密传输、手机认证等安全保障体系，让使用者可以随时随地使用支付宝的付款、充值、转账、信用卡还款、水电煤缴费等功能。

支付宝账号注册

在手机上使用支付宝，首先要有支付宝账号。如果已经拥有支付宝账号，那么，在下载安装支付宝软件后，点击支付宝图标，打开手机支付宝，然后直接输入账号与密码，点击"登录"按钮即可。如果没有支付宝账号则需要注册一个支付宝账号，点击"更多"选项，然后在出现的菜单中点击"注册"选项（图 5-57），进入"手机号注册"界面。填写相关信息后，再点击"注册"按钮（图 5-58），之后支付宝公司会发送一个验证码到相应的手机上，在接到验证码后会自动出现到相应位置，然后需要设置一个六位数的支付密码，点击"完成"之后即可点击"进入支付宝"。

图 5-57

图 5-58

绑定银行卡

中老年朋友要注意，要想使用支付宝的支付功能，必须绑定银行卡，否则，手机支付操作将不能顺利完成，绑定银行卡的具体操作步骤如下。

01 在智能手机中下载与安装支付宝软件，然后点击下载好的"支付宝"图标，进入支付宝界面，点击"我的"图标（图 5-59）。

02 进入"我的"界面，点击"银行卡"选项（图5-60）。

图 5-59

图 5-60

03 进入"我的银行卡"界面，点击"添加银行卡"按钮（图5-61）。

04 进入"添加银行卡"界面（图5-62），在该界面的文本框中输入"持卡人"和"卡号"，然后点击"下一步"按钮。

05 进入"填写银行卡信息"界面，在该界面中填写"手机号"，然后点击"同意协议并绑卡"按钮（图5-63）。

06 进入"验证手机号"界面（图5-64），在"校验码"文本框中输入手机收到的校验码，然后点击"下一步"按钮。

07 进入"添加成功"界面，完成银行卡的添加操作，然后点击"完成"按钮（图5-65）。

图 5-61

图 5-62

图 5-63

图 5-64

08 回到"我的银行卡"界面，可以查看到已添加的银行卡（图5-66）。

图 5-65

图 5-66

> **小提示**
>
> 手机绑定的银行卡一定是在本人名下的银行卡，姓名与身份证号要对应，而且手机号也必须是在办理银行卡时预留在银行的手机号。

支付宝余额充值与提现

支付宝余额就是该支付宝账号还能使用的资金总数，支付宝的余额可以充值也可以提现。充值就是将银行卡中的资金充值到支付宝账号中；提现就是将支付宝余额中的资金转入银行卡。下面介绍具体操作步骤。

在支付宝界面中点击"我的"图标，进入"我的"界面，点击"余额"选项，进入"余额"界面（图 5-67），在该界面中包含"充值"和"提现"选项。点击"充值"选项，进入"充值"界面（图 5-68），输入充值金额并点击"下一步"按钮，可以进行充值操作。在"余额"界面中点击"提现"选项，进入"提现"界面（图5-69），输入提现金额，即可将提现的金额转到绑定的银行卡中。

图 5-67　　　　　　　图 5-68　　　　　　　图 5-69

🔘 5.3.2　转账汇款很方便

使用手机支付宝钱包可以直接转账、汇款，再也不需要跑到银行去排队，具体操作步骤如下。

在智能手机桌面上点击"支付宝"图标，进入支付宝界面，在支付宝主界面找到并点击"转账"图标，进入转账界面（图5-70），该界面中包含"转到支付宝账户""转到银行卡"和"跨境汇款"3个选项。

选择"转账到支付宝账户"选项，要先填写目标对象的支付宝账户或者电话号码，如果填写的是电话号码，可能会出现多个账户，一定要与对方确认支付宝账号名称。在确认好支付宝账号后，点击"下一步"按钮，然后填入"转账金额"和"备注"，最后点击"确认转账"按钮。

图 5-70

如果要转账到银行卡中，则点击"转到银行卡"选项，在出现的界面中填好转账对象的"姓名""卡号""银行"以及"金额"，最后点击"下一步"按钮即可。

5.3.3　移动支付也可扫

很多中老年朋友容易忘记自己的支付密码，进而影响付款。此时，可以使用支付宝的"付款码"和"扫码付"功能完成付款。

付款码

付款码就是自己手机支付宝的一个由二维码与条形码组成的图案，而且，每分钟都可以更新一次。在收银员处理好所卖商品之后，打开支付宝点击界面中的"付钱"图标，就会出现付款码（图 5-71），收银员使用扫码枪扫描付款码，操作成功后即可完成支付。

图 5-71

小提示

当单笔付款金额小于 2000 元人民币时，是不需要输入支付密码的。

扫码付

除了"付款码"，还有一种付款方式叫作"扫码付"。"扫码付"就是通过扫描他人的付款码来建立支付关系，从而完成付款操作。

在收银员处理好所卖商品之后，打开支付宝点击界面中的"扫一扫"图标，就会出现扫描界面（图 5-72），扫描商家的条形码或二维码，就会出现付款的提示，输入支付的金额，并输入密码确认支付后，即可完成支付。

图 5-72

小提示

　　除了"付款码"和"扫码付"两种支付方式，支付宝还有一种"声波付"的支付方式。"声波付"就是利用声波的传输，实现两个设备之间的近场识别，也就是，我们的手机与商店的设备之间通过声波建立联系。"声波付"主要适用于自助售卖机以及多功能自助终端设备的付款场景。

5.3.4　城市服务功能强

　　随着网络的普及，中老年朋友再也不用大老远地出门去银行或相关机构办公点缴纳水费、电费、燃气费和宽带费了。直接通过支付宝软件就可以完成。一般支付宝软件会自动出现所在城市的缴费项目，如果将地址弄错了可以点击城市名称，然后在出现的城市列表中点击选择所在的城市，具体操作步骤如下。

　　在智能手机桌面上点击"支付宝"图标，进入支付宝界面，在支付宝主界面找到并点击"生活缴费"图标，进入"生活缴费"界面（图 5-73），该界面中包含电费、水费、燃气费、有线电视以及物业费等项目。当需要缴纳某一项费用时，如缴纳电费，可直接点击"电费"，然后，在新增交费用户界面填写相关信息，包括"户号"等。填好之后点击"下一步"按钮，在出现的界面中检查缴费单位、户号、户名是否正确，确认后输入缴费金额，最后点击"立即缴费"按钮即可缴费。

　　如果想查看缴费记录，可以点击"生活缴费"界面中的"缴费记录"选项，进入"缴费账单"界面（图 5-74），此处会出现历史缴费清单，并按照时间的先后顺序排列。

图 5-73

图 5-74

【小技巧】社保费用查一查

支付宝城市服务功能非常强大，很多都能让我们足不出户完成相关业务的办理，例如社保查询、医疗查询等。

现在很多中老年朋友都有社保，但是很多人不清楚自己的社保账户中到底有多少钱，通过支付宝，可以快速查看自己社保账户中的养老保险、医疗保险数额，还可以查询缴费记录等，具体操作步骤如下。

01 在智能手机桌面中点击"支付宝"图标，进入支付宝界面，点击"更多"图标（图5-75）。

02 进入下一个界面，点击"城市服务"图标（图5-76）。

图 5-75

图 5-76

03 进入"城市服务"界面的"政务"选项卡，点击"社保查询"选项（图5-77）。

04 进入"服务授权"界面，点击"确认授权"按钮（图5-78）。

05 进入"智慧人社"界面，界面中包含多种社保查询选项，如果要查询缴费记录，则点击"缴费查询"图标（图5-79）。

图 5-77　　　　　　　图 5-78　　　　　　　图 5-79

06 进入"缴费信息"界面，查看缴费信息（图5-80）。在查看缴费信息时，如果需要查询其他年度的缴费信息，可以点击年份按钮，在出现的菜单中选择需要查询的年份即可。

07 如果需要查询医保账户，可以在"缴费信息"界面中点击"医疗保险"图标，进入"医保账户查询"界面（图5-81）进行查询。

图 5-80

图 5-81

第6章

买理财，手机理财种类多

 内容摘要

手机理财软件

理财种类很丰富

滑动解锁

在当今飞速发展的互联网时代，手机理财越来越受广大用户青睐。中老年朋友很多都拥有一定的经济基础，也有理财的需求，如果经常跑银行营业网点或者让子女代买，会造成很多不便。有了智能手机后，中老年朋友就可以用手机进行理财了。

不过，对于手机理财，很多中老年朋友都是抱着谨慎和怀疑的态度。很多电信诈骗和金融理财骗局的受害者都是中老年朋友。因此，进行手机理财前，有必要针对老年人理财进行一些金融知识的普及，培养中老年朋友的理财观念，防范金融风险。本章将详细讲解使用智能手机理财的操作方法，帮助中老年朋友合理理财，规避理财风险。

6.1　手机理财软件

通过手机理财软件可以将手机连接至银行，实现通过手机直接完成各种金融理财业务的目的。本节将详细讲解用手机理财软件进行理财的具体方法。

6.1.1　功能强大支付宝

支付宝的功能十分强大，不仅可以收付款，进行生活缴费，还可以通过支付宝中的余额宝功能进行理财。余额宝具有收益稳、转账快、门槛低等特点。

资金转入余额宝

在用支付宝的余额宝理财之前，需要先将资金转入余额宝中。中老年朋友在用余额宝理财时，需要明确的是，并没有一个专门的余额宝软件，进入余额宝需要从支付宝的界面进入，具体操作步骤如下。

01　在智能手机桌面上找到并点击"支付宝"图标（图6-1）。

02　进入支付宝软件界面，点击"余额宝"图标（图6-2）。

图 6-1

图 6-2

03　进入"余额宝"界面，点击"转入"按钮（图6-3）。

04　进入"转入余额宝"界面后，输入"转入金额"，点击"确认转入"按钮（图6-4）。

图 6-3

图 6-4

小提示

当中老年朋友进入余额宝界面时，难免会遇到身旁有人的情况，此时如果不想让旁人看见自己的余额宝总金额，可以点击总金额右侧的 按钮，使其变成相应的形状，即可隐藏总金额。

05 银行卡中的资金即可转入余额宝账户中，同时出现成功转入的信息，点击"完成"按钮（图6-5）。

06 自动返回"余额宝"总金额显示界面中，此时可以查看转入资金后的总金额（图6-6）。

累计收益可查看

中老年朋友如果想查看余额宝最近一周或一个月的具体收益情况，只需要一个操作就可以完成。下面将介绍具体的操作方法。

图 6-5

图 6-6

01　在余额宝总金额显示界面中点击"累计收益"按钮，进入
　　　"累计收益"界面（图6-7），同时可以查看总收益以及每
　　　日的收益详表，点击"筛选"按钮。

02　进入"累计收益"界面，根据个人需求点击筛选条件按钮，
　　　这里以一月收益为例，点击"近一月收益"按钮（图6-8）。

03　进入"近一月收益"界面，即可查看近一个月的收益总额
　　　和每日收益详情（图6-9）。

资金转出余额宝

　　在日常生活中，中老年朋友可能会有需要现金的时候，
此时可以从余额宝中转出一部分资金到银行卡中，然后再取
出现金使用，具体操作步骤如下。

01　在余额宝界面中点击"转出"按钮，进入"转出"界面。余
　　　额宝有两种转出途径，一是转出到银行卡，二是转出到

余额，这里以转出到银行卡为例。点击"转出到银行卡"选项，输入转出金额，选择转出方式，最后点击"确认转出"按钮（图6-10）。

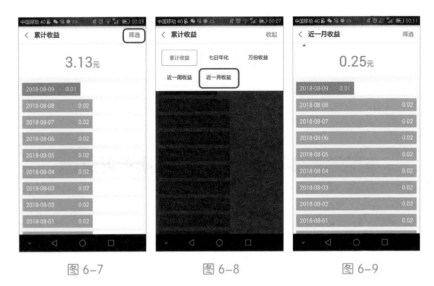

图 6-7　　　　　　　　　图 6-8　　　　　　　　　图 6-9

02 出现"请输入支付密码"界面，输入密码后，点击"确定"按钮（图6-11）。

03 进入"结果详情"界面，可查看转出资金的处理进度以及预计到账时间，点击"完成"按钮（图6-12）。

04 自动返回余额宝总金额显示界面，此时可以查看转出资金后余额宝中所剩的总金额（图6-13）。

图 6-10

图 6-11

图 6-12

图 6-13

小提示

将资金从余额宝中转入银行卡时，不能立即到账，一般需要等待十几分钟才能到账，因此，可能出现余额宝中总金额数量已经显示扣除，而银行卡中资金尚未到账的情况。

 ## 6.1.2　五大银行有保障

要进行手机理财之前，首先需要了解什么是手机银行。手机银行不仅可以快速查看银行卡中的剩余金额，还能购买银行理财产品。

认识五大银行

中国五大银行是指五家大型的国家控股股份制银行，包括：中国工商银行、中国农业银行、中国银行、中国建设银行和交通银行。不同的银行有不同的优势，中老年朋友在选择银行时，可以根据实际需要和使用习惯来选择。每家银行都有对应的手机银行软件，不同的手机银行软件，其主界面设计也各有差异。

● 中国建设银行

中国建设银行的手机银行软件主界面（图 6-14）采用了类似转盘的结构设计，主色调选用了青蓝色，整个软件图标界面设计精美，让人过目难忘。其重要功能模块通过首页的大转盘来选择，底部图标栏常驻的 5 个功能分别为"手机银行""悦生活""我的最爱""信用卡"和"发现"。

● 中国工商银行

中国工商银行手机软件主界面（图 6-15）的主色调选用了传统的红色。手机软件的图标大多为圆形或者圆角矩形的手绘图标，再加上自家独有的大象吉祥物（可以作为默认头像，也可以上传自定义头像），直观感觉亲切大方。在栏目设置方面，中国工商银行设置了"最爱""智服务""惠生活"和"我的"4 个主栏目，分别对应常用功能、理财、生活服务、个人设置等功能，栏目设计合理直观，便于使用。

图 6-14

图 6-15

● **中国农业银行**

中国农业银行的手机软件主界面（图 6-16）采用了自家主题色的绿色加灰色的搭配，看起来非常清新，给人的第一印象颇佳。底部常驻的 5 个功能按钮分别为"首页""投资""商城""附近"和"我的"，分别对应常用功能、理财、购物、生活、个人设置，除了"商城"，其他功能按钮属于银行软件的标准配置。

● **交通银行**

交通银行的手机软件主界面（图 6-17）的底部栏目共有

4个，分别是"首页""金融""生活"和"我的"，分别对应了常用功能、理财、生活、个人设置等几个功能板块。

● **中国银行**

中国银行的手机软件主界面（图6-18）的底部栏目共有4个，分别是"首页""理财""生活"和"我的"，分别对应了常用功能、理财、生活、个人设置等几个功能板块。

图 6-16

图 6-17

图 6-18

资产查询

手机银行不仅可以购买银行理财产品，还能快速查看银行卡中的剩余金额。下面以在交通银行软件查询资产为例，介绍资产查询的方法。

01 在手机桌面上点击"交通银行"图标（图6-19）。

02 进入"交通银行"界面，点击"账户查询"图标（图6-20）。

图 6-19

图 6-20

03 进入"手机银行登录"界面，依次输入账号和密码，点击"登录"按钮（图6-21）。

04 进入"账户查询"页面，即可查看到资产信息（图6-22）。

图 6-21

图 6-22

购买理财产品

中老年朋友的理财观念比较保守，为了防止上当受骗，可以通过手机银行购买理财产品，具体操作步骤如下。

01　在手机银行首页界面中点击"金融"图标（图6-23）。

02　进入"金融"界面，这里有多种投资方式可供选择。这里以稳健投资为例，在"稳健投资"中点击"更多"按钮（图6-24）。

图 6-23

图 6-24

03　进入"稳健投资"界面，刷新可供选择的投资理财列表，选择一种投资项目（图6-25）。

04　进入该项理财详细情况介绍页面，点击"购买"按钮（图6-26），即可完成该理财产品的购买。

图 6-25   图 6-26

小提示

　　手机银行登录时有多种方式可供选择，比较常用的两种为输入字符密码登录和手势登录。

6.1.3 保险理财定位准

　　如果中老年朋友希望享受高一些的收益，可以购买保险类产品。现在市场上有很多保险产品不但有保险功能，还具备理财功能，所以，购买保险类产品也是一种理财方式。下面以在微信中购买保险类理财产品的操作为例加以说明。

01 在智能手机桌面上点击"微信"图标（图6-27）。

02 进入微信软件后，在屏幕右下角点击"我"图标（图6-28）。

图 6-27

图 6-28

03 在进入的界面中点击"钱包"选项（图6-29）。

04 进入"我的钱包"界面，点击"理财通"按钮（图6-30）。

图 6-29

图 6-30

05 进入"腾讯理财通"界面，在屏幕下方点击"理财"按钮（图6-31）。

06 进入的界面中包含了多种理财产品可供选择，此处点击"保险产品"按钮（图6-32）。

图 6-31　　　　　　　　　　　　图 6-32

07 进入"保险产品"界面，许多中老年朋友不是很了解保险产品，这里可以点选"更多介绍"按钮（图6-33）。

08 进入保险产品的介绍页面，可以详细了解各种类型的保险理财产品，了解后点击"查看保险产品"按钮（图6-34）。

09 返回腾讯理财通的"保险产品"界面，选择一个理财产品（图6-35）。

10 进入选定的保险产品的详细介绍界面，滑动屏幕仔细查看并了解该保险产品的详情，如果决定购买，点击"买入"按钮（图6-36）。

图 6-33

图 6-34

图 6-35

图 6-36

11 由于是首次进行保险产品的购买，会出现风险测评的提示对话框，点击"立即测评"按钮（图6-37）。

12 进入风险测评界面，按照提示根据自身实际情况进行选择，之后自动进入完成界面，点击"查看我的测评结果"
按钮（图6-38）。

图 6-37　　　　　　　　　　　　图 6-38

13 进入测评结果显示界面，可查看到测评结果，点击"我已
了解，立即买入"按钮（图6-39）。

14 自动返回刚刚选中的保险产品的详细介绍界面中，点击
"买入"按钮（图6-40）。

15 在进入的界面中，输入买入金额，选中"同意服务协议及
风险提示"选项，最后点击"买入"按钮（图6-41），支付
完成后即可完成保险产品的购买操作。

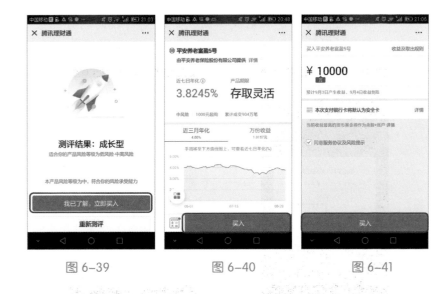

图 6-39   图 6-40   图 6-41

6.2 理财种类很丰富

手机理财的种类繁多，有黄金、基金、定期理财和活期理财等。中老年朋友在选择理财产品时，要非常慎重。本节将详细介绍各类理财产品的购买和投资方法。

6.2.1 黄金属于硬通货

黄金是一种很好的理财投资产品，具备保值、抗通货膨胀、避险防动荡的功能。突发大事件、国外局势不稳定时是投资的好时机。黄金与股市、债市关联性较弱，可优化资产配置，当股债集体受挫时，黄金是稳定资产组合的有力保障。

手机软件可以通过多种渠道进行黄金理财的操作，下面以支付宝中的黄金理财为例加以说明。

01 在智能手机桌面上点击"支付宝"图标（图6-42）。

02 进入支付宝首页中，点击下方"财富"按钮（图6-43）。

图 6-42

图 6-43

03 进入"财富"界面，其中包含定期、基金、余额宝、黄金和股票等投资产品，点击"黄金"按钮（图6-44）。

04 进入"黄金"界面，其中包含不同的黄金产品，这里点击"华安黄金"选项（图6-45）。

05 进入"华安黄金"界面，点击"买入"按钮（图6-46）。

06 进入"买入"界面，输入买入金额，点击"确定"按钮（图6-47）。

图 6-44

图 6-45

图 6-46

图 6-47

07 进入"请输入支付密码"界面，输入支付密码，点击"确定"按钮（图6-48）。

08 进入"买入结果"界面，显示"申请成功"信息，点击"完成"

按钮（图6-49）。

09　进入该黄金持有金额的显示界面，可以查看已经买入黄金的总价值，还可以查看黄金价格、昨日收益、持有收益、金价走势等（图6-50）。

图 6-48　　　　　图 6-49　　　　　图 6-50

小提示

　　中老年朋友在投资黄金时，不仅可以在手机软件中投资账户黄金，也可以在银行购买实物黄金。

6.2.2　定期理财很稳定

　　精明的商人会让企业每天都在运转，精明的投资人会让资金每天都在"打工"。定期理财一般收益比较稳定，比较适合大多数中老年朋友。

定期理财的产品相比余额宝的收益率更高，相比股票和基金，波动更小、更稳健，是一种适合新手和懒人理财的好工具。

下面将介绍使用"支付宝"软件进行定期理财的操作方法。

01 在智能手机桌面上找到并点击"支付宝"图标，进入"支付宝"首页，点击"财富"按钮（图6-51）。

02 进入"财富"界面，点击"定期"按钮（图6-52）。

图 6-51

图 6-52

03 进入"定期"界面，点击"立即预约"按钮（图6-53）。

04 进入该项定期理财产品的详细介绍页面，可查看到收益率及产品期限，点击"预约"按钮（图6-54）。

05 进入"预约"界面，输入买入金额，设置"到期后"为"赎回"，点选"同意相关协议，并知晓页面展示收益率不代表收益承诺"选项，最后点击"确定"按钮（图6-55）。

图 6-53

图 6-54

06 出现"温馨提示"对话框，点击"继续"按钮（图6-56），完成支付操作后就完成了定期理财产品的购买。

图 6-55

图 6-56

> **小提示**
>
> 　　在进行定期理财时，理财的方式有"短期理财""中期理财"和"中长期理财"三种，中老年朋友可以根据自身的情况进行选择，另外，还可以通过设置"到期后"继续续存或者进行赎回操作。

 6.2.3　活期理财很方便

　　活期理财的流动性好，收益比银行存款高，是余额理财的不二之选。下面将以在"交通银行"手机软件中购买活期理财产品为例，介绍活期理财的操作方法。

01　在手机上启动并登录交通银行软件，在交通银行首页中点击"理财存款"按钮（图6-57）。

02　进入"理财存款"界面，点击"活期类"按钮（图6-58）。

图 6-57

图 6-58

03 进入"活期类"界面，同时可以查看多个活期理财产品，滑动手机屏幕选择一种活期理财产品（图6-59）。

04 进入选定的理财产品的详细介绍页面，点击"购买"按钮（图6-60），完成支付后即可完成活期理财产品的购买。

图 6-59

图 6-60

小提示

在进行活期理财时，要注意以下几点。

第一，对自己的风险承受能力要有足够的了解。

第二，知道钱投到了哪里。

第三，鸡蛋不要放在一个篮子里，别盯着一个买。

6.2.4　基金种类要看清

基金是为了某种目的而设立的具有一定数量的资金，购买基金也是一种常见的理财方法。基金种类繁多，在进行基金理财时要慎重选择。

基金种类认识

基金产品的种类有货币基金支付类以及银行发行类等，下面进行详细介绍。

● 货币基金支付类

该类基金是将支付、收益、资金周转集合于一身的理财产品，其中以阿里巴巴的余额宝为典型代表。余额宝是支付宝推出的余额增值服务。把钱转入余额宝即相当于购买了由天弘基金提供的余额宝货币基金，支持支付宝账户余额支付、储蓄卡快捷支付的资金转入。通过余额宝，用户存留在支付宝的资金不仅能拿到"利息"，而且和银行活期存款利息相比收益更高。余额宝内的资金还能随时用于网购支付。提取灵活，不收取任何手续费。

● 银行发行类

相比互联网理财产品，银行信誉是该类产品最大的优势。很多投资人更青睐在有金融机构作背景的平台投资，就是出于能够及时变现的考虑，这类平台以银行自身的产品为基础进行销售。经过不断变革，除了在银行网点销售外，还能通过网上银行和手机银行等方式购买。

购买基金产品

在认识了基金种类后，就可以使用"支付宝"等软件购买基金产品了，下面介绍具体的操作方法。

01 在手机上打开"支付宝"软件，在支付宝首页界面中点击"财富"按钮（图6-61）。

02 进入"财富"界面，点击"基金"按钮（图6-62）。

图 6-61

图 6-62

03 进入"基金"界面，因为大多数中老年朋友对基金的资讯知识了解不多，所以可以点击"基金排行"按钮（图6-63），选择收益比较靠前的基金。

04 进入"基金排行"界面，其中包括业绩排行、定投排行、估值排行3种方式，在业绩排行中选择一款理财产品（图6-64）。

图 6-63   图 6-64

05 进入选中基金的详细介绍页面，通过在屏幕上滑动手指，可以查看全部介绍信息，确认后点击"买入"按钮（图6-65）。

06 进入到"买入"界面中，输入买入金额，核实买入金额后点击"确定"按钮（图6-66）。

07 出现"请输入支付密码"页面，输入支付密码后点击"确定"按钮（图6-67）。

08 进入"买入结果"界面中，可以看到"申请成功"的提示，点击"完成"按钮（图6-68），即可完成选定基金理财产品的购买操作。

图 6-65

图 6-66

图 6-67

图 6-68

【小技巧】手机理财须谨慎

最近，社会上发生了很多起中老年朋友理财被骗的案例，很多中老年朋友甚至把养老钱都搭了进去。一直以来，中老年朋友理财一直都是一个问题，过去很多人都直接把钱存入银行，但是由于存款利率跌至历史低位，一年期存款利率甚至不到 2%，在通胀的作用下，把钱存入银行只能越来越缩水。那么，哪些理财产品适合中老年人购买呢？

很多中老年朋友的风险识别能力不强，而且手中的钱都是拿来养老的，因此，不宜购买高风险的理财产品，而且在使用手机进行理财时，还需要注意以下事项。

● 盘点好资产和财富

首先，要清楚自己的收入和支出情况，其次要"盘点"好目前的资产，包括实物资产及非实物资产。别忘记，一些不起眼的事物也可能有很高的价值。有些中老年朋友拥有"古董"或者是知识产权、专利、稿费之类的，这些都属于财富。

● 制订一些理财规划

制订一些理财的规划。例如，短期如何、未来几年如何等。短的理财规划，可以考虑余额宝、银行七天通知存款等，长期的理财规划和投资计划，则可以向专业的理财师、规划师寻求意见。

● 投资理财的大致风格

对于中老年朋友来说，收入一定会比退休前少。另外，年纪越大，抗风险的能力越弱。投资理财时建议避开高风险类的项目。另外，投资理财的比重不要太高。例如，当下热门的股市，建议配置的比重不要超过资产的 30%，若资产总额较大，投资的时机较佳，也不建议超过 40%。投资的种类最好是稳健型投资，风险小，确保长期保值和增值。

● 先为自己理财

很多中老年朋友寄望于孩子来养老，其实依靠别人还不如先依靠自己。首先，血缘关系的亲近并不代表一定能得到照顾。另外，如果孩子有家庭，孩子的家庭可能也有自己家的一本难念的经，搞不好还经常出现经济方面的矛盾、纠纷等。这些想必都是我们不愿看到的。而如果是提早为自己做准备，自己理好财，先利己后再利它，则财务的支配权还在自己手上，分不分财产等，最终都是自己来决定，无疑对退休的中老年朋友来说，会更有尊严。故理财，当先为自己考虑。

● 找好合适的理财顾问

对于理财来说，中老年朋友接受新事物的速度、理解的能力、判断的能力可能都没那么强了。因此，找一个理财方面的专业顾问或许是一个不错的选择。例如，中老年朋友可以经常到银行询问银行的理财工作人员，了解一下理财行情；或者向信得过的财富管理服务机构了解也可以，通过比较不同产品的差异，进而选择合适自己的理财品种。

第 7 章

去旅行，美好风光要记录

 内容摘要

出行订票、订酒店

旅途风光要记录

随手拍出好照片

滑动解锁

　　随着生活水平的提高，中老年朋友越来越喜欢出去走走，到世界各地旅游，游览各地名胜。作为一项非常有益于身心的休闲活动，旅游对于已经退休的中老年朋友而言，可以开阔心胸、增长知识、锻炼身体，给单调的退休生活增添一抹色彩。熟练使用智能手机中的相关软件可以规划旅游行程、订票、住宿酒店等，还可以通过拍照、视频等手机软件记录旅行中的美好风光和点点滴滴。

旅游中常用的手机软件

　　本章将详细讲解使用智能手机便捷出行的各种方法。

7.1 出行订票、订酒店

　　在决定了旅游目的地后，紧接着需要做的是订好车票或者机票、订好酒店。中老年朋友可以通过手机上的软件进行操作。例如，"携程旅行"软件可以提供一站式的旅游产品预订服务，同类的手机软件还有"去哪儿旅行网"和"途牛网"等。

 7.1.1 预定火车票和飞机票

很多中老年朋友在准备旅行时不知道如何订票，现在在手机上就可以解决，只需要下载一个旅行类应用软件，如"携程旅游"即可。

注册账号

一般来说，所有提供服务的软件都需要注册账号进行登录，具体操作步骤如下。

01 在智能手机桌面上找到并点击"携程旅行"图标（图7-1）。

02 进入携程旅行的首页界面，在界面的右下角点击"我的"选项（图7-2）。

03 进入"登录携程，开启旅程"界面，点击"登录/注册"按钮，（图7-3）。

04 进入"携程账号登录"界面，在界面的右上角点击"注册"按钮（图7-4）。

图 7-1

图 7-2

图 7-3

图 7-4

05 进入"注册"界面，点击"同意并继续"按钮（图7-5）

06 进入下一界面，输入电话号码，点击"下一步，验证手机号"按钮（图7-6）。

图 7-5

图 7-6

07 进入"验证手机号"界面，在文本框中输入手机接收到的验证码，点击"下一步，设置密码"按钮（图7-7）。

08 进入"设置登录密码"界面，输入密码后，点击"完成"按钮（图7-8）。

09 此时注册成功并自动登录，出现"为了资金安全，请账户实名认证"对话框，提示用户是否进行认证，点击"暂不认证"按钮（图7-9），取消账户的实名认证。

小提示

如果进行了实名认证，可以获得更多的超值服务。如果需要实时了解和关注相关优惠信息，可以绑定并关注"携程旅行"微信号。

图 7-7   图 7-8   图 7-9

预订火车票

确定好游玩的目的地后，如果距离相对较近，建议坐火车出行，可以直接通过手机进行预订，具体操作步骤如下。

01 登录"携程旅行"软件，在首页界面中点击"火车票"图标（图7-10）。

02 进入"火车票"订票界面中，依次选择出发地、目的地、出发日期，此处根据需要，点选"高铁动车"复选框，点击"查询"按钮（图7-11）。

03 界面中显示出根据设定条件查询到的结果（图7-12）。

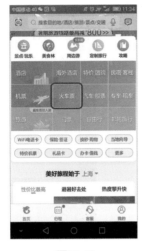

图 7-10

图 7-11

04 根据实际情况选择车次，进入"车次详情"界面。此时可查看相关的票务信息并选择需要购买的座位类型，点击"预订"按钮展开列表，显示出"12306预订""携程预订"和"快递送票"3种订票渠道，这里选择"携程预订"选项，点击"买票"按钮（图7-13）。

05 进入"订单填写"界面，点击"添加乘客（成人、学生、儿童）"选项（图7-14）。

06 进入添加乘客界面，点击"新增乘客"选项（图7-15）。

07 进入"新增乘客"界面，输入乘客信息，如果同行的人数较多，可以继续增加新的乘客，全部输入完成后点击"确定"按钮（图7-16）。

08 返回"订单填写"界面，依次填写其他项，最后点击"立即预订"按钮（图7-17），完成火车票预订。

图 7-12

图 7-13

图 7-14

图 7-15

图 7-16

图 7-17

小提示

火车票购买成功后一定要注意换票时间并在规定时间内持订票人的身份证到车站售票窗口、火车票代售点或者通过车站的自动售票机办理换票手续。

预订飞机票

如果是远距离的旅行，建议中老年朋友选择乘坐飞机，即舒适又可以大幅节省耗费在路途中的时间。预订飞机票也可以在"携程旅行"软件中完成，具体操作步骤如下。

01 在携程旅行的首页界面中点击"机票"图标（图7-18）。

02 进入机票订票界面，依次选择出发地、目的地、出发日期、舱位，然后点击"搜索"按钮（图7-19）。

图 7-18　　　　　　　　　　　图 7-19

03 软件会自动搜索符合条件的所有航班信息并显示在界面上（图7-20）。

04 根据实际情况选择一个航班，进入"航班详情"界面并点击"预订"按钮（图7-21）。

05 进入机票订票界面，依次选择乘机人、预留电话号码、保险等，点击"下一步"按钮（图7-22）。

06 进入支付界面，确认支付金额后，点击"去支付"按钮（图7-23），支付完成即可完成飞机票的购买。

小提示

　　购买机票后可以在"携程旅行"中的机票界面中，点击"我的订单"，查看到相应的票务信息。

图 7-20

图 7-21

图 7-22

图 7-23

7.1.2　选择酒店要注意

旅行前如何选择酒店？在选择酒店时应该注意什么问

题？出门旅行选酒店对于不少的中老年朋友来说是一件很头疼的事情，酒店预算、酒店位置、酒店风格、酒店房型等因素都要考虑在内。

中老年朋友住宿的酒店并不需要多么豪华，只要睡眠环境好，安静而舒适就可以了。

通过手机软件可以方便地进行酒店的预订。下面将以"携程旅行"软件为例，介绍选择酒店的方法。

01 在智能手机桌面上点击"携程旅行"图标，进入携程旅行首页界面，点击"酒店"图标（图7-24）。

02 进入酒店预订界面，选择旅游目的地，如"北京"，选择要入住的时间段，然后点击"关键字/位置/品牌/酒店名"文本框（图7-25）。

图 7-24

图 7-25

03 进入关键词界面中，根据需要选择相应的关键词，这里点击"首都国际机场"图标（图7-26）。

04 进入查询界面，点击"价格/星级"文本框（图7-27）。

图 7-26   图 7-27

05 进入价格查询界面，根据需要选择酒店的价格区间以及酒店的星级标准，点击"完成"按钮（图7-28）。

06 进入酒店界面，点选"休闲"左侧的白色圆圈，选择酒店类型，然后点击"查询"按钮（图7-29）。

07 进入查询结果界面，可以查看到筛选出来的多个酒店信息（图7-30）。

08 点击选择一个酒店，即可进入对应的酒店详细情况界面，选择客房的房型，然后点击其右侧的"订"按钮（图7-31）。

图 7-28

图 7-29

图 7-30

图 7-31

09 进入酒店订房界面，依次填写入住人的姓名、手机号码、预计入住时间等，填写完成后，点击"去支付"按钮（图7-32）。

10 进入"支付方式"界面(图7-33)，其中包含储蓄卡、信用卡、微信支付、支付宝和百度钱包5种支付方式，选择一种支付方式，完成支付即可成功预订酒店房间。

图 7-32

图 7-33

小提示

在预订酒店的时候，可以多参考已经住过的朋友们的评价，在做好预算的前提下多比较相应标准范围的酒店，然后再做选择。

◐ 7.1.3 查询路线用高德

到了旅游目的地，由于对当地环境不熟悉，以往旅行时通常需要买一份当地地图。现在有了智能手机以后就方便多了，百度地图、高德地图、腾讯地图等都是常用的电子地图软件。电子地图最大的特点是交互性强，不但可以非常方便地查找目的地，还能进行导航或查询线路，俨然已是出行的必备工具。这里以"高德地图"软件为例来介绍如何进行目的地的线路查询。

01 在智能手机桌面上点击"高德地图"图标，进入高德地图界面，点击"查找地点、公交、地铁"文本框（图7-34）。

02 在文本框中输入目的地"兰江公园"，然后点击"搜索"按钮（图7-35）。

图 7-34　　　　　　　图 7-35

03 进入路线搜索界面，显示到达"兰江公园"的路线搜索结果，点击"路线"按钮（图7-36）。

04 进入路线界面，界面中包含公交、骑行、步行和火车4种交通方式，点击"步行"按钮，显示出步行的线路和大概所需的时间以及距离，点击"开始导航"按钮（图7-37）。

图 7-36　　　　　　　　　　　　图 7-37

05 出现GPS精度设置对话框，提示是否设置GPS定位模式，点击"设置"按钮（图7-38）。

06 进入"定位服务"界面，点击"定位模式"选项（图7-39）。

图 7-38　　　　　　　　　　　　图 7-39

07 进入"定位模式"界面，点选"准确度高"选项右侧的按钮，使其按钮呈高亮显示（图7-40）。

08 点击界面中的返回键，返回路线界面，点击"开始导航"按钮，进入导航界面，即可听到语音提示和显示路线提示（图7-41），按照导航的提示即可顺利到达目的地。

图 7-40

图 7-41

小提示

　　在使用"高德地图"查找路线的过程中，最好使用准确度高的 GPS 模式，这样可以减少误差，另外可以根据距离选择不同的交通路线和交通工具。

7.1.4　滴滴出行很便利

　　中老年朋友的腿脚没有以前方便，有时候要出门办事，但是儿女都没在身边，自己坐公交车又太远，这时可以选用"滴滴出行"软件，在出门前叫车，方便又快捷，具体操作步骤如下。

01　在智能手机桌面上点击"滴滴出行"图标（图7-42）。

02　进入"滴滴出行"界面，其中包含快车、出租车、顺风车、代驾等出行方式。此处点击界面上方的"出租车"选项（图7-43）。

图 7-42 　　　　　　　　　　　　　图 7-43

> **小提示**
>
> 　　第一次使用"滴滴出行"软件时，先要用电话号进行注册，登录后就能在地图上看到附近可以使用的车辆了。

03 在界面中确认好出发地点后，点击"您要去哪儿"文本框（图7-44）。

04 进入地点设置界面，如果在列出的地点中有目的地，可以直接点击选择；如果没有，则直接在文本框输入地址（图7-45）。

图 7-44

图 7-45

05 进入"确认呼叫"界面，可以看到路线图，点击"呼叫出租车"按钮即可（图7-46）。

06 很多中老年朋友比较节省，比较在意出行的性价比，如果需要在"滴滴出行"软件中预约价格便宜的顺风车，则可以在软件界面上方点击"顺风车"选项（图7-47）。

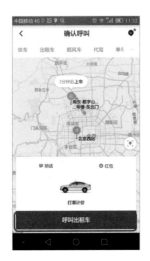

图 7-46　　　　　　　图 7-47

07 进入"顺风车"界面，点击"你要去哪儿"文本框（图7-48）。

08 进入地点设置界面，在界面中直接选择或输入目的地地址（图7-49）。

09 进入"乘车人数"界面，设置乘车人数后点击"确定"按钮（图7-50）。

10 进入"出发时间"设置界面，设置出发时间，点击"确定"按钮（图7-51）。

图 7-48

图 7-49

图 7-50

图 7-51

11　进入"发布行程"界面，点击"出行要求"选项，出现"出行
要求"对话框，可以设定"有宠物""有大件行李""需要走
高速，高速费由我承担"等出行要求，点击"有大件行李"
按钮，然后点击"确定添加"按钮（图7-52），完成出行要
求的添加。

12 进入"发布行程"界面，可以查看到拼车和不拼车所需费用，选择一种方式后，点击"确认发布"按钮（图7-53）即可完成操作。

图 7-52 图 7-53

小提示

使用顺风车预约行程后，如果因为出行时间或者其他原因需要改变行程，可以通过取消行程，然后再重新发布的方式完成行程的更改。

7.2 旅途风光要记录

旅途中美丽的景色让人留恋，想将美景永远留住，以前都是通过使用照相机和摄像器材，但是设备较多而且较重，携带不方便。有了智能手机后这一切问题都迎刃而解了，除了智能手机本身的拍照和摄像功能外，还有很多专门用于拍照和摄像的手机软件，可以让我们的拍摄操作更顺畅，拍摄效果更出色，例如，拍照神器"美颜相机"和用于视频拍摄的"美拍"。

 7.2.1　美颜相机来拍照

"美颜相机"是一款可以把手机变成拍照神器的软件，可以拍摄出漂亮的风景照或人物照，具体操作步骤如下。

01　在智能手机桌面上点击"美颜相机"图标（图7-54）。

02　进入美颜相机界面后，点击下方"拍照"按钮（图7-55）。

图 7-54

图 7-55

03 进入照片拍摄界面点击圆形的"拍摄"按钮（图7-56）。

04 拍摄完成后，点击√按钮（图7-57），即可完成拍摄图片的保存操作。

图 7-56

图 7-57

 7.2.2 相机焦距点一点

在拍摄照片时，因为焦点的切换，拍摄的画面有时会比较模糊，此时可以通过调整焦距来捕捉清晰的画面，具体操作步骤如下。

01 在智能手机桌面上点击"美颜相机"图标（图7-58）。

02 进入美颜相机界面后，点击下方的"拍照"按钮（图7-59）。

图 7–58

图 7–59

03 进入拍摄界面，如果画面比较模糊，多是焦距没自动调
整好造成的（图7-60）。在手机屏幕中间点一下，会出现
一个白色小方框，相机将会自动进行焦距调整，画面也
会清晰很多，此时再点击"拍摄"按钮（图7-61），即可拍
摄出比较清晰的图片。

7.2.3　视频美拍来帮忙

　　美丽的景色通常是让人留恋的，但是在人们的记忆中往
往只剩下零星的剪影。现在的智能手机都可以进行拍照和录
像，并且像素一般都比较高，能将美景清晰地留在手机中。
使用"美拍"软件的具体操作步骤如下。

01　在智能手机桌面上点击"美拍"图标（图7-62）。

02　进入"美拍"界面，点击MP按钮（图7-63）。

图 7-60

图 7-61

图 7-62

图 7-63

03 进入"美拍"的登录界面，其中包括多种登录方式，这里点击"微信登录"按钮（图7-64）。

04 进入"微信登录"界面，点击"确认登录"按钮（图7-65）。

图 7-64　　　　　　　　　　　图 7-65

05 进入"推荐关注"界面，点击"进入美拍"按钮（图7-66）。

06 进入美拍应用界面后，点击下方中央的MP按钮（图7-67）。

07 进入"美拍"拍摄界面，点击"视频"上边的时间选项，出现时间菜单，其中包含10秒MV、15秒、60秒和5分钟4个时间项。"时间项"用于设置录制视频的时间长度，在此处点击"15秒"选项（图7-68）。

08 设置好时间长度后，如果需要开始录制视频，点击界面下方的圆圈按钮（图7-69）。

图 7-66

图 7-67

图 7-68

图 7-69

09 开始录制视频，录制完成后，点击手机屏幕右上角的
　　 "下一步"按钮（图7-70）。

10 进入"发布"界面，依次编辑"分类""标题"和"简介"的内

容，然后点击右上方的"存草稿"或者"发布"按钮（图
7-71），完成视频的存储或发布。

图 7-70

图 7-71

小提示

　　在拍照页面点击左下角的相片图标，可以进入相册查看拍
摄的照片。

7.3　随手拍出好照片

　　中老年朋友在使用手机拍照或者录制时，很少会考虑到
用光和构图，所以拍出来的照片和视频效果不够理想也是正
常的。在智能手机的时代，在手机上处理照片和视频都非常
简单，只需要在手机上安装几个软件，例如，使用"美图秀秀"

软件，即使无基础也可以将照片和视频调整出令人惊艳的效果。

🔘 7.3.1　光线不好有滤镜

中老年朋友在使用手机拍照时，很少会考虑到用光和构图，拍出来的照片效果一般，此时可以通过调整滤镜来完成，具体操作步骤如下。

01　在智能手机桌面上点击"图库"图标（图7-72）。

02　进入"相册"界面，点击需要调整的图片（图7-73）。

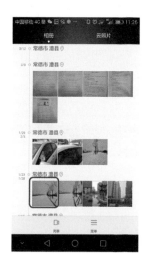

图 7-72　　　　　　　　　　　　　图 7-73

03　此时界面中会出现分享、最爱、删除、编辑和菜单5个功能按钮，这里点击"编辑"按钮（图7-74）。

04　展开编辑菜单，点击"滤镜"按钮（图7-75）。

图 7-74

图 7-75

05 手机屏幕下方出现多种特效滤镜效果可供选择，点击"印象"效果，再点击屏幕右上角的√按钮（图7-76）。

06 完成滤镜设置，点击右上角的保存按钮（图7-77），即可保存调整后的照片。

小提示

可以根据照片的风格设置不同的滤镜，也可以为同一张照片设置不同的滤镜效果，然后进行比较，最终选择一张最喜欢的进行保存。

图 7–76   图 7–77

 7.3.2   杂物凌乱有贴图

    翻看拍摄好的照片时，往往有一些比较有意义的照片，因为别的东西或人入镜而感到遗憾。此时可以使用具备图像处理的手机软件进行编辑，例如，通过加边框、加贴纸、加文字等方式进行遮挡。常用的"美图秀秀""创意相机"都具有这些功能，这里以"创意相机"为例加以说明。

为图片添加边框

01   在智能手机桌面上点击"创意相机"图标（图7-78）。

02   进入创意相机主界面，点击"照片美化"图标（图7-79）。

图 7-78

图 7-79

03 进入相册界面，选择需要美化的照片（图7-80）。

04 进入美化照片编辑界面，点击"加边框"按钮，手机屏幕下方显示出多种边框效果，可以直接选择已有的边框进行套用。如果没有合适遮挡的特效边框，点击"更多"按钮（图7-81）。

05 进入"相框"界面，切换到"文艺"选项卡，点击一种特效，即可自动下载（图7-82）。

06 再次点击该边框特效，即可为选定的照片添加该边框特效，遮挡了荷花周围多余的画面，更加凸显了荷花的美丽（图7-83）。

07 点击屏幕右下角的√按钮，即可保存图片至"我的作品"文件夹（图7-84）。

图 7-80

图 7-81

图 7-82

图 7-83

08 点击"立即查看"按钮，即可在"我的作品"界面中查看刚刚编辑好的照片，（图7-85）。

图 7-84

图 7-85

给图片添加贴纸

01 在智能手机桌面上点击"创意相机"图标，进入"创意相机"界面，点击需要美化的照片（图7-86）。

02 进入美化照片操作界面，点击"贴纸"按钮，显示出"加贴纸"和"加文字"按钮，点击"加贴纸"按钮（图7-87）。

03 进入"贴纸"界面，选择一种特效贴纸类型，点击蓝色下载按钮，即可自动下载（图7-88）。

04 下载完成后，点击需要的特效贴纸（图7-89）。

05 自动返回照片界面，可查看到已经添加了特效贴纸，按住贴纸图片在照片上滑动，可调整贴纸位置（图7-90）。

图 7-86

图 7-87

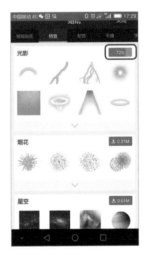

图 7-88

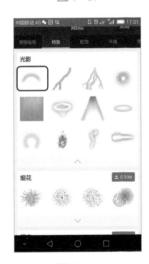

图 7-89

06 点击贴纸右下角的双箭头按钮不动，通过滑动手指，即可调整贴纸的大小和方向（图7-91）。

图 7-90

图 7-91

> **小提示**
>
> 　　在调整贴纸的过程中，往往会点错照片位置，导致移动的位置不佳，点击屏幕左上角的"锁定照片"按钮可使照片位置固定，从而轻松调整贴纸的位置、大小和方向。

为图片添加文字

01 在智能手机桌面上点击"创意相机"图标，进入"创意相机"界面，点击需要美化的照片（图7-92）。

02 进入美化照片操作界面，点击"贴纸"按钮，出现"加贴纸"和"加文字"按钮，点击"加文字"按钮（图7-93）。

03 出现"点击修改文字"文本框，连续点击该文本框（图7-94）进入"艺术文字"编辑界面。

图 7-92 图 7-93

04 输入想要添加的文本，点击"确定"按钮（图7-95）。

图 7-94 图 7-95

05 自动返回照片界面，可以查看到已经添加了文字贴纸，按住文字在照片上滑动，即可调整文字的位置（图 7-96）。

06 点击文字右下角的双箭头按钮不动，通过滑动手指，即可调整文字的大小和方向（图7-97）。

图 7-96

图 7-97

07 点击屏幕右下角的√按钮，保存图片至"我的作品"文件夹（图7-98）。

08 点击"立即查看"按钮，即可在"我的作品"界面中查看刚刚编辑好的照片（图7-99）。

图 7–98　　　　　　　　　　　　图 7–99

7.3.3　视频配乐可选择

　　中老年朋友使用手机自带的相机拍摄的视频，往往都是没有声音或者包含嘈杂声音的，通过一些手机软件则可以轻松为拍摄的视频设置特效、添加音乐和歌曲等。用手机自带的照相软件拍摄视频，因为不能进行后期编辑，所以显得比较单一，通过添加各种特效对普通视频进行包装，就能呈现出不同的"大片"效果，具体操作步骤如下。

设置视频滤镜

01　在智能手机桌面上点击"美拍"图标（图7-100）。

02　进入美拍主界面，点击"我"图标（图7-101）。

03　进入个人信息界面，点击"草稿箱"选项（图7-102）。

04 进入"草稿箱"界面，点击"编辑"按钮（图7-103）。

图 7-100

图 7-101

图 7-102

图 7-103

05 进入编辑界面，点击界面下方的"滤镜"按钮（图
7-104）。

06 在手机屏幕界面的下方显示出多种滤镜特效，选择一种特效滤镜，点击"完成"按钮（图7-105）。

图 7-104　　　　　　　　　　图 7-105

添加音乐

01 完成了视频的滤镜特效设置后，在手机屏幕下方点击"音乐"按钮（图7-106）。

02 进入"音乐"界面，选择一段音乐，点击"播放"按钮，即可试听该音乐（图7-107）。

03 如果决定选择该音乐，则点击"使用"按钮（图7-108）。

04 回到编辑界面，点击"完成"按钮（图7-109）。

图 7-106

图 7-107

图 7-108

图 7-109

添加字幕

01　在设置界面下方点击"字幕"按钮（图7-110）。

02 进入"添加字幕"界面，点击"添加"按钮（图7-111）。

图 7-110　　　　　　　　　　图 7-111

03 在界面的下方出现多种字幕样式，点击一种字幕样式（图7-112）。

04 在界面中出现"点击输入文字…"文本框（图7-113）。

05 点击界面中的文本框，进入文本输入界面，输入文本，点击"完成"按钮（图7-114）。

06 回到"选择字幕样式"界面，点击"下一步"按钮（图7-115）。

07 进入"设置字幕时长"界面，点击"开始"按钮（图7-116）。

图 7–112

图 7–113

图 7–114

图 7–115

08 视频自动开始播放并设置字幕时长，播放完毕后，点击"完成"按钮（图7-117）。

09 此时已完成字幕的添加和设置操作，开始自动播放视频，点击"下一步"按钮（图7-118）。

图 7-116

图 7-117

10 完成以上设置后，点击"保存"按钮，即可将对该视频的
设置保存下来（图7-119）。

图 7-118

图 7-119

> **小提示**
>
> 　添加字幕时，可以根据自己的需要设置字幕的时长，也可以在不同的时间段设置不同的字幕。

【小技巧】小工具能帮大忙

　智能手机一般会搭配多个小配件一起使用，例如，为了防止手机掉入水中，可以将手机放入防水袋中，保护手机；在出去游玩进行自拍时，有些场景较大，则可以使用自拍杆进行自拍。下面将详细讲解。

手机防水袋

　出门旅游时不免会在水边逗留，不论是河水两岸、小池塘边还是海岸，在美景的诱惑下总是忍不住拿出手机来拍照。如果这时手机没拿稳、被旁人撞了一下，手机很可能就会掉入水中。要知道手机一旦进水就意味着它要提前"下岗"了。手机作为通信工具，旅行时是十分重要的，所以做好防水措施十分重要。手机如何防水？可以给手机套上防水袋，在套上手机防水袋之后不影响触屏拍照、打电话、发短信等功能的使用，并且还能将手机挂在脖子上或固定在手臂上，防止手机遗失或被盗（图 7-120）。

自拍杆

　在游玩时如果自拍不好取景，又不放心将手机交给陌生人，可以使用自拍杆来帮忙。将自拍杆的杆身拉长，然后把手机固定好，打开拍照软件，设置好倒计时拍照即可（图 7-121）。

图 7-120

图 7-121

第 8 章

享生活，闲暇时光好打发

 内容摘要

头条新闻随时看

视频、音乐手机存

打发时间玩游戏

滑动解锁

中老年朋友离开工作岗位后，参加的社会活动明显减少，人际交往的频率显著降低，且家庭成为活动的主要场所，严重的甚至可能产生与社会脱离的感觉。这些情况都使中老年朋友容易产生孤独感和失落感，给生活质量带来多方面的影响。为了让中老年朋友放松精神，学会调节自己，让神经得到松弛，愉快地生活，学会用手机上的娱乐功能很有必要。

现在的娱乐方式越来越多样化，手机上的娱乐功能也日益丰富。在手机上可以找到时下最受欢迎的歌曲、电视剧、电影，也可以搜索到以前的时代金曲、经典电影，还可以在手机上玩各类游戏，无论是大众化的斗地主、麻将，还是更受中老年朋友喜爱的围棋、象棋，都能在手机上找到。

智能手机的娱乐功能

本章将详细讲解使用智能手机娱乐功能的具体操作方法。

8.1　头条新闻随时看

新闻资讯是中老年朋友喜欢看的内容。关心时事，了解新闻，才能不与社会脱节。手机上使用的资讯类软件非常多，比较知名的有腾讯、百度、UC 浏览器、搜狐、今日头条等。

8.1.1　根据喜好来设定

　　手机软件中的新闻资讯往往会根据类型设置不同的浏览链接，可以根据自己希望关注的类型进行设置。这里以常用的 UC 浏览器为例进行说明。

自动推荐新闻资讯

01　在智能手机桌面上找到并点击"UC 浏览器"图标（图 8-1）。

02　进入 UC 浏览器界面，界面中会自动显示最新的"UC 头条"新闻，同时在屏幕上方可以看到多种资讯分类选项卡（图 8-2）。

图 8-1

图 8-2

03 如果需要立即刷新最新头条新闻，可以点击界面右下角的"刷新"按钮，（图8-3）。

04 界面上会显示出最新的新闻内容（图8-4）。

图 8-3

图 8-4

设置新闻频道

在浏览新闻资讯时，可以通过打开新闻频道的界面，快速选择自己关注和想要了解的新闻类型。具体操作步骤如下。

01 在新闻界面中点击左下角的"头条"按钮，进入UC头条新闻界面，点击+按钮（图8-5）。

02 进入"我的频道"界面，查看当前的频道选项（图8-6）。

图 8-5

图 8-6

03 使用手指滑动屏幕，将"频道推荐"全部显示出来，根据自己的关注点和喜好，点击频道右侧的＋按钮进行选择，这里点击"科学探索"和"文玩"右侧的＋按钮（图8-7）。

04 将"科学探索"和"文玩"添加到"我的频道"中（图8-8）。

05 在"我的频道"右侧，点击"编辑"按钮（图8-9）。

06 如果想删除频道，可以点击频道右上角的×按钮，例如想删除"游戏"和NBA频道，则点击"游戏"频道和NBA频道右上角的×按钮（图8-10）。

07 设置完成后，点击"我的频道"右侧的"完成"按钮（图8-11），即可完成频道的相关操作。

图 8-7　　　　　　　　　　图 8-8

08 可以看到已删除的两个频道重新显示在"频道推荐"中了
　　（图 8-12）。

图 8-9　　　　　　　　　　图 8-10

图 8-11

图 8-12

小提示

　　添加频道和删除频道可以同时进行。在删除频道时，如果有误操作的，只需选择误操作的频道，点击右侧的 + 按钮，可重新添加到"我的频道"中，同时有其他频道需要添加的直接点击频道右侧的 + 按钮，即可完成频道的添加操作。

 8.1.2　视频新闻轻松看

　　视频新闻资讯以视频的形式来传递一些新闻资讯、奇闻趣事，往往比图文新闻、文字新闻更直观。除了常规的图文新闻资讯外，UC 浏览器中还提供了专门的视频新闻频道。在视频新闻频道中，同样根据不同的新闻类型进行了分类，中老年朋友对所关注的新闻类型可以随意切换选择。

看视频新闻频道

01 在"UC头条"界面中点击"视频"按钮（图8-13）。

02 进入视频新闻"推荐"界面中，手指在屏幕上下滑动可以浏览更多的新闻，点击选中的新闻（图8-14）。

图 8-13

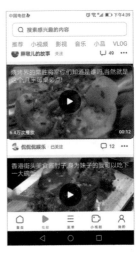

图 8-14

03 选中的视频新闻资讯开始播放（图8-15）。

04 视频播放完毕后，如果还想再看一次，可以点击"重播"按钮（图8-16）。

视频新闻随意换

01 在视频新闻"推荐"界面中点击"更多"按钮（图8-17）。

02 进入视频界面，通过手指在视频栏上下滑动，浏览感兴趣的新闻（图8-18）。

图 8-15

图 8-16

图 8-17

图 8-18

03 选择想要看的视频，点击播放按钮（图8-19）。

04 此时开始播放选择的视频（图8-20）。

图 8-19　　　　　　　　　　　图 8-20

小提示

　　手指在手机屏幕左右滑动时，如果手指位置在频道栏目上，则可以完成频道栏目的滑动，但是并不会直接选择频道，如果手指位置在频道栏目下方区域，滑动手指则会直接切换当前频道。

8.1.3　新闻收藏与分享

　　智能手机不但方便了人们之间的联系，丰富了社交生活，还具备高度的共享性和互动性。遇到感兴趣的新闻资讯可以收藏起来，以后慢慢回味、学习，也可以与朋友分享，共同探讨。

新闻点赞、评价、关注

　　看到好的新闻、好的事迹，如果想表达自己的观点，可以通过点赞、评价、关注等方式来进行，具体操作步骤如下。

01 　在当前正在查看的新闻资讯的右下角，点击"点赞"按钮（图8-21），即可对该条新闻进行点赞操作。

02 　此时可以查看到点赞个数在增加，如果看了资讯有自己的想法和观点想要发表意见和观点，可以点击"评价"按钮（图8-22）。

图 8-21

图 8-22

03 　进入相应界面，点击"我来说两句"文本框（图8-23）。

04 　输入想要发表的评论，点击"发送"按钮（图8-24）。

图 8-23

图 8-24

05 完成评价后，自动返回当前查看的新闻界面，通过手指向上滑动，即可查看到自己的评论内容（图8-25）。

06 如果对该新闻类型和风格比较感兴趣，可以关注该媒体的账号。通过手指向下滑动到顶，点击"关注"按钮即可（图8-26）。

小提示

　　关注后，如果下次要查看同一编辑发布的新闻，可以在UC 浏览器界面的左下角中点击"首页"图标，进入"UC 首页"界面，然后在界面的左上角点击"关注"选项，然后选择关注的编辑账号，即可直接查看到该账号发布的所有新闻。

图 8-25　　　　　　　　　　图 8-26

特色新闻可收藏

在了解新闻的同时，也可以学到很多知识，遇到这样的新闻可以收藏下来，供以后随时查看。这里以"UC头条"的"历史"频道中的新闻为例加以说明。

01 切换到"UC头条"的"历史"频道中，选择一条新闻（图8-27）。

02 进入新闻的阅读界面，在屏幕下方找到并点击"收藏"按钮（图8-28）。

03 首次收藏新闻会出现一个收藏提示对话框，点击"知道了"按钮（图8-29）。

04 提示对话框自动消失，同时该条新闻的收藏按钮变成了黄色的已收藏状态（图8-30）。

图 8-27

图 8-28

图 8-29

图 8-30

朋友之间可分享

当遇到特别的、有意义的新闻资讯时，就会想和朋友们分享。在智能手机时代，可以轻松实现新闻的共享，这里以

分享给微信朋友为例加以说明。

01　在新闻资讯界面的右下角点击"分享"按钮（图8-31）。

02　出现相应界面，其中包含微信朋友圈、发送给朋友、QQ好友等多种分享方式，这里选择点击"微信好友"按钮（图8-32）。

图 8-31　　　　　　　　　　图 8-32

03　自动进入微信软件，选择好友。如果在最近聊天中有分享的对象，直接选择即可（图8-33），如果不在这里，可以通过上面的搜索框进行搜索。

04　出现一个"发送给："对话框，点击"给朋友留言"文本框，输入内容，点击"分享"按钮（图8-34）。

05　出现"已发送"对话框，点击"返回UC浏览器"按钮（图8-35），返回UC浏览器继续浏览新闻。

图 8-33

图 8-34

图 8-35

小提示

　　分享后如果需要和好友接着聊天讨论分享的新闻资讯，可以直接点击"留在微信"按钮，即可留在微信聊天界面进行交流。

8.2　视频、音乐手机存

　　随着互联网的普及，智能手机时代的来临，播放音乐与视频已经是智能手机的基本功能了。手机只要联网就能看视频、听音乐，而且操作方便、简单。互联网上有很多中老年朋友喜爱的音乐与电视剧，而且是电视上不经常播放的。以前看不了，但是现在有了智能手机，不用再翻来覆去地换电视频道，直接在手机中便能找到想要的所有歌曲、电视剧和电影，还可以通过缓存到手机中，随时收听和观看。

8.2.1 优酷舞蹈有分解

广场舞是一项有益于中老年朋友的健身运动。每天清晨或傍晚，在广场、街边的空地、社区的小公园，总有不少中老年朋友聚在一起跳广场舞。如果中老年朋友想使用智能手机学跳广场舞，可以通过手机视频软件搜索广场舞的教学视频。这里通过"优酷"软件搜索的广场舞教学视频加以说明。

01 在智能手机桌面上点击"优酷"图标（图8-36）。

02 进入优酷软件界面后点击搜索框（图8-37）。

图 8-36 图 8-37

03 输入"广场舞"文本，点击"搜索"按钮（图8-38）。

04 显示搜索结果，点击要查看的视频（图8-39）。

05 此时开始播放广场舞教学分解视频。手指点击视频，

在显示出的时间条上点击视频右下角的全屏按钮（图
8-40）。

图 8-38　　　　　图 8-39　　　　　图 8-40

06　在全屏播放模式下，点击屏幕上的返回按钮，可退出全
　　屏模式（图8-41）。

图 8-41

07　如果想将视频缓存到手机上，离线观看视频，则可以点
　　击屏幕下方的"缓存"按钮（图8-42）。

08 进入"缓存选择"界面，点击"高清 540P"下拉按钮，进入菜单，选择视频的清晰度（图8-43）。

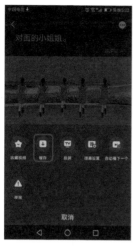

图 8-42

图 8-43

09 选择需要下载视频的清晰度后，即可开始下载，下载完毕，点击"查看下载"按钮（图8-44）。

10 进入"缓存"界面，即可查看到刚刚下载的广场舞分解视频（图8-45）。

小提示

　　下载到本地的视频越多，占用的手机存储空间就越大，会导致手机无法存入新的内容或出现卡顿现象，因此，可以不缓存在线学习，或者学会后删除已缓存的视频，再下载新的视频。删除缓存可以通过在"缓存"界面点击"编辑"按钮，勾选已缓存的视频，点击"删除"按钮。

图 8-44

图 8-45

8.2.2　QQ 音乐来伴奏

　　跳广场舞门槛虽然很低，只要想跳就能参与其中，但是如果想跳得自如，也要先伴着音乐在家里多练习几遍，所以最好先学会怎么用手机下载并播放广场舞的歌曲。鉴于手机自带的音乐播放器一般功能比较单一，可以在应用市场下载"QQ 音乐"软件。这是一款曲目资源丰富，可以免费播放歌曲的音乐软件。下面将通过"QQ 音乐"来展示如何通过软件来下载音乐。

01　下载并安装"QQ 音乐"软件后，在智能手机桌面上点击"QQ 音乐"图标（图8-46）。

02　进入"QQ 音乐"界面，如果是首次使用会进入登录界面，点击"微信登录"按钮（图8-47）。

图 8-46

图 8-47

03 进入"微信登录"界面，点击"确认登录"按钮（图8-48）。

04 进入QQ音乐界面，点击"搜索"文本框（图8-49）。

05 进入输入界面，输入"广场舞"文字，点击搜索"广场舞"
（图8-50）。

06 此时显示搜索列表，通过手指在列表中上下滑动，查看
全部歌曲，点击一首歌曲（图8-51）。

07 此时开始播放选中的歌曲，在屏幕下方可查看播放的状
态，点击"列表"🎵按钮（图8-52）。

图 8-48

图 8-49

图 8-50

图 8-51

08 进入列表界面，点击"添加歌曲到队列"按钮（图 8-53）。

09 进入"选择歌曲"列表，点击"完成"按钮（图8-54），即可将选择的歌曲添加到默认列表。

10　返回"顺序播放"列表，点击"关闭"按钮（图8-55）。

图 8-52

图 8-53

图 8-54

图 8-55

11 进入搜索结果列表界面，点击右上角的"关闭"按钮（图 8-56）。

12 返回QQ音乐首页，点击"我的"按钮，进入"我的"界面（图8-57）。在界面中可以查看到账号中的音乐情况，可以选择从"本地音乐""下载音乐"和"最近播放"中播放音乐。

图 8-56

图 8-57

小提示

如果添加的音乐比较多，可以自建歌单，将歌曲按自己的喜好进行分类。

 8.2.3 追剧就用爱奇艺

现在，电视节目的受众群体大多定位于年轻人，播放的节目也大多是年轻人所喜欢的题材，适合中老年朋友观看的电视节目比较少。另外，因为中老年朋友的生活琐事比较多，有时会错过定时播放的电视剧，在电视上又不能随时观看，于是只能到重播时再看。

　　有了智能手机，可以下载一个视频播放软件，想看哪集看哪集，全部随心所欲。这里以"爱奇艺"软件为例，介绍如何在手机视频软件中搜索和观看电视剧，具体操作步骤如下。

01　在智能手机桌面上点击"爱奇艺"图标（图8-58）。

02　进入"爱奇艺"界面，点击"导航"按钮 ☰（图8-59）。

图 8-58

图 8-59

03　进入"导航"界面，其中显示了很多节目频道，这里点击"动漫"频道（图8-60）。

04　进入"动漫"频道，通过手指在屏幕上滑动，选择想要观看的动漫（图8-61）。

图 8-60　　　　　　　图 8-61

05 进入播放界面，开始播放选中的动漫（图8-62）。

06 点击播放的视频画面，将显示播放时间条与控制按钮，点击"全屏"按钮（图8-63）。

图 8-62　　　　　　　图 8-63

07 进入全屏模式播放。首次使用会出现一个手势控制提示界面（图8-64），介绍如何用手势控制亮度、声音大小、画面缩放、暂停/播放等操作。

图 8-64

08 点击视频画面中的任意位置，在视频下方出现时间条和控制按钮，点击"选集"按钮（图8-65）。

图 8-65

09 此时出现电视剧的分集面板，根据需求可以选择其他的集数进行播放，这里选择2（图8-66）。

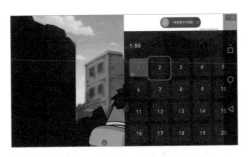

图 8-66

10 开始自动播放该电视剧第2集的内容。如果要退出全屏状态，则点击"返回"按钮（图8-67）。

图 8-67

11 退出全屏播放模式后，在屏幕右下角点击"收藏"按钮，可以将该动漫收藏，方便以后快速播放该动漫，此时"收藏"按钮变成"已收藏"按钮（图8-68）。

12 在屏幕右下角点击"下载"按钮（图8-69）。

13 进入缓存界面，根据需求可以选择缓存的集数，也可以选择"全部下载"，这里选择缓存第2集（图8-70）。

14 现在开始下载选中的动漫视频（图8-71）。

图 8-68

图 8-69

图 8-70

图 8-71

15 缓存完毕后，点击"查看下载列表"按钮（图8-72）。

16 进入"离线视频"界面，即可查看到已缓存的视频（图 8-73）。该视频节目在没有网络的情况下也可以正常播放。

图 8-72

图 8-73

小提示

"爱奇艺"手机软件也具有强大的搜索功能，将想看的电视剧或电影的名称输入搜索框，可以快速搜索出想看的电视节目。

8.3 打发时间玩游戏

在生活比较闲暇时，不仅可以看电视、听歌，还可以适当玩一玩手机游戏。根据相关研究表明，在进行游戏的过程中，大脑处理手眼协调的能力得到提高，玩游戏还可以减轻中老年朋友精神上的压力。可以说，适当地玩手机游戏，是一种不错的打发时间的娱乐方式。

8.3.1　QQ 游戏种类多

　　QQ 软件中的游戏种类丰富，有很多游戏适合中老年朋友，例如，打麻将、斗地主、下象棋等。棋牌类游戏可以在 QQ 软件中下载，具体操作步骤如下。

01　下载安装QQ，并注册QQ账号，在手机桌面上点击QQ图标（图8-74）。

02　进入QQ的"消息"界面，点击"动态"按钮（图8-75）。

图 8-74

图 8-75

03　进入"动态"界面，在显示的列表中点击"游戏"选项（图8-76）。

04　进入"游戏中心"界面，在屏幕下方点击"游戏"按钮，（图8-77）。

图 8-76　　　　　　　　　　　图 8-77

05 在导航栏中点击"分类"按钮（图8-78）。

06 进入"游戏分类"界面，可以看到这里有多种游戏分类，点击"棋牌"按钮（图8-79）。

图 8-78　　　　　　　　　　　图 8-79

07 此时显示出"棋牌"类游戏的列表（图8-80）。

08 使用手指在屏幕上滑动即可查看全部游戏列表。选择
一个游戏，这里选择"腾讯四川麻将"，点击"下载"按钮
（图8-81）。

图 8-80

图 8-81

09 开始下载游戏，并显示下载进度（图8-82）。

10 下载完成后，自动进入游戏安装界面，点击"安装"按钮
（图8-83）。

图 8-82

图 8-83

11 进入"正在安装"界面，稍等片刻即可安装完毕，点击"完成"按钮（图8-84）。

12 出现"删除安装包"提示框，为了节约手机存储空间，保证运行速度，建议点击"删除"按钮（图8-85）。

13 自动返回"游戏分类"界面，按手机的"主页"键（图8-86）。

14 返回手机桌面，可查看到刚刚安装的游戏（图8-87）。

小提示

选择游戏时，如果有明确要玩的游戏可以直接通过搜索框来查找游戏，如果没有明确的游戏，则可以通过游戏分类来选择喜欢的类型，同时也可以通过游戏的排行榜，查看游戏排名靠前的游戏来进行有选择性的下载。

图 8-84

图 8-85

图 8-86

图 8-87

 8.3.2　麻将、纸牌不花钱

在智能手机上玩游戏，筹码多是积分或者免费赠送的游

戏筹码，例如 QQ 游戏中多用"欢乐豆"来作为游戏筹码，基本上都不用花钱就可以玩。下面以"欢乐麻将"和"欢乐斗地主"为例来简单介绍这类游戏的玩法。

欢乐麻将

01　在智能手机桌面上点击"欢乐麻将全集"图标（图8-88）。

02　进入游戏，出现"腾讯棋牌用户协议"界面，点击"接受"按钮（图8-89）。

图 8-88

图 8-89

03　进入游戏登录界面，点击"微信登录"按钮（图8-90）。

04　进入游戏登录界面，点击"同意"按钮（图8-91）。

图 8-90

图 8-91

05 如果是初次玩，将进入"创建角色"界面，选择人物的性别，这里选择女性（图8-92）。

图 8-92

06 在选择好人物性别后，再选择人物的服饰，然后点击"创建角色"按钮，完成角色的创建（图8-93）。

图 8-93

07 稍后进入游戏开始界面，初次玩游戏建议点击"快速开始"按钮（图8-94）。

图 8-94

08 进入游戏对局中（图8-95）。

图 8-95

欢乐斗地主

01 在QQ游戏中下载安装"欢乐斗地主"纸牌游戏，在桌面上点击"欢乐斗地主"图标（图8-96）。

02 首次进入游戏应用界面会出现如何退出全屏模式的提示，点击"确定"按钮（图8-97）。

图8-96

图8-97

03 进入游戏，出现"欢乐斗地主•用户协议"界面，点击"接受"按钮（图8-98）。

图8-98

04 进入游戏登录界面，点击"微信登录"按钮（图8-99）。

图 8-99

05 登录后进入游戏界面，有多种方式可供选择，这里点击"排位"模式（图8-100）。

图 8-100

06 进入"竞技排位"游戏界面，有多种玩法可供选择，这里点击"经典玩法"按钮（图8-101）。

07 进入"竞技排位·经典玩法"游戏界面，有多个场地可供选择，这里点击"新手场"按钮（图8-102）。

08 此时开始游戏，这里出现"叫地主"和"不叫"两个按钮，根据牌型和策略选择，这里点击"不叫"按钮（图8-103）。

图 8-101

图 8-102

图 8-103

09 轮到自己出牌时，可以自己选择要出的牌，点击"出牌"按钮。如果比较犹豫，可以点击"提示"按钮，系统会给出提示，此处按提示点击"出牌"按钮（图8-104）。

图 8-104

10 因为没有"叫地主"，所以玩家是"农民"，两个"农民"配合出牌，最终胜利（图8-105）。

图 8-105

11 牌局结束后，出现本局胜负提示和本局得分明细，还可以查看本局的收益（图8-106）。

图 8-106

12　点击"继续游戏"按钮，即可开始新一局的游戏（图8-107）。

图 8-107

小提示

　　如何成为"地主"？如果系统判定自己是第一个选择"叫地主"的玩家，选择"叫地主"的就可以保留抢地主的权利，选择"不叫"的就自动成为农民玩家。如果不是第一个选择的玩家，在前面玩家选择后，可以选择"抢地主"与"不抢"，选择"抢地主"的就可以成为地主，选择"不抢"的则自动成为"农民"玩家。

 ### 8.3.3　棋类游戏有对手

　　"善弈者长寿！"弈棋时通过情绪控制，可调节生理机能，对延缓衰老和开发智力有明显作用。一则对弈时全神贯注、意守棋局、杂念尽消，可以陶冶性情；二则对弈时要多动脑，提高大脑的思维能力，脑细胞利用率高，有防止大脑动脉硬化，预防阿尔茨海默病的作用。

　　此外，对弈可促进人际交往和人际关系的改善，以棋会友，不失为开展社交活动的好办法。除了可以好友之间对弈外，

327

同样可以人机对弈，不断磨砺、提高自己的棋艺水平。

邀好友对弈

01 在QQ游戏中下载安装"天天象棋"游戏，在桌面上点击"天天象棋"图标（图8-108）。

02 首次进入游戏时出现登录界面，点击"微信登录"按钮（图8-109）。

图 8-108   图 8-109

03 进入"微信登录"界面，点击"确认登录"按钮（图8-110）。

04 进入游戏首页界面，有多种玩法供选择。这里点击"象棋"按钮（图8-111）。

05 进入游戏界面，这里有多种方式可供选择。如果与好友约好对局，可以点击"好友对战"按钮（图8-112）。

图 8-110　　　　　　　　　　　　　图 8-111

06 根据平时对弈一局的时间设置对局时间，这里点击"十分钟场"按钮（图8-113）。

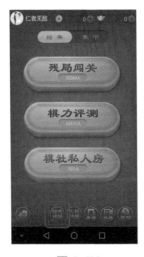

图 8-112　　　　　　　　　　　　　图 8-113

07 进入游戏开始界面，点击"邀请好友"按钮（图8-114）。

08 进入"邀请好友"界面。如果好友没在线，则可以点击"微信好友"按钮（图8-115），通过微信直接邀请好友。

图 8-114

图 8-115

09 好友加入对局中后，点击"开始"按钮（图8-116）。

10 等待好友也点击了"开始"按钮，即可进入对局模式，正式开始游戏（图8-117）。

11 棋局结束后，出现本局明细，点击"关闭"按钮（图8-118）。

12 返回棋局中，点击"继续"按钮（图8-119），即可开始新一局的对弈。

图 8-116

图 8-117

图 8-118

图 8-119

人机对弈

　　在好友没有时间，自己又不愿意与其他人下棋的时候，可以选择"人机对战"模式，通过不断对弈，提高自己的棋艺水平。

01 在对战模式选择界面下方点击"人机对战"按钮（图8-120）。

02 根据自己的棋艺水平，选择相应的等级，这里点击"中级"按钮（图8-121）。

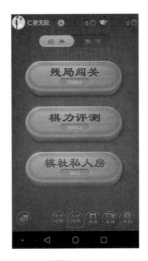

图 8-120

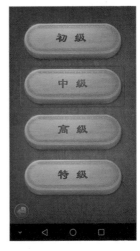

图 8-121

03 进入游戏开始界面，系统已自动加入"中级棋手"，点击"开始"按钮（图8-122）。

04 此时开始人机对战（图8-123），终局后可以选择离开或者重新开始挑战。

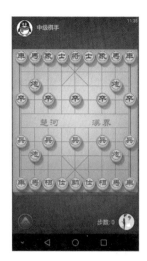

图 8-122　　　　　　　　　　　　图 8-123

小提示

可以通过游戏中的"棋谱"了解经典残局、经典古谱来增长见识，也可以通过其中的教程学习各种开局方法，观看大师比赛，了解大师棋路。

【小技巧】注册会员看大片

相信中老年朋友都有这样的体验，通过优酷、爱奇艺等视频软件看新闻、追电视剧的时候，如果没有注册会员，往往新片、新剧都不能观看，而且还会有很长的片头广告，越是火爆的节目片头广告越长，甚至有的节目中间还会插播广告。那么会员该怎么注册呢？这里以"爱奇艺"软件为例进行介绍。

在手机中打开"爱奇艺"软件，进入"爱奇艺"首页界面中，点击"会员"按钮（图 8-124）。在"开通 VIP 看大片"旁边点击"开通"按钮（图 8-125），进入"黄金 VIP 会员"界面，根据实际情况选择不同的套餐，这里选择"1 个月"套餐，因为是新用户，只需要支付 6 元即可。选择一种支付方式，以微信支付为例，选中"微信支付"，点击"确认支付"按钮（图 8-126）。

图 8-124　　　　　　图 8-125　　　　　　图 8-126

　　注册并支付完成后，即可享受 VIP 会员资格。选择一部需要 VIP 会员资格的电视剧（图 8-127），进入选集以后可以看到，VIP 可以抢先看 1 集（图 8-128）。

图 8-127

图 8-128

第 9 章

保健康，身体随时可监控

 内容摘要

网上医生功能多

适当锻炼身体好

滑动解锁

随着年龄的增长，中老年朋友在生理和心理上都会发生变化，从而构成了中老年人生活方式的特点，人生的重心转移到了养老、养生上。每位中老年朋友都应打理好自己的生活，提高健康意识、健康素养，改善生活和行为方式。

学会使用智能手机，可以通过相关的手机软件，在网上了解各种医疗资讯和健康保健资讯，还可以通过这些软件帮助预约挂号。中老年朋友要学会享受生活，起居要规律，科学、合理地安排每日的作息时间。

智能手机中跟健康相关的常用功能

本章将详细讲解智能手机中与身体健康、医疗有关的软件的使用方法。

9.1　网上医生功能多

随着科技的发展，智能手机在自身保健方面所提供的功能也越来越多。中老年朋友通过相关手机软件可以随时随地进行快捷问诊，降低时间、空间以及金钱成本，并且，可以预防过度医疗，让小病不大治，大病不耽误。也可以提前进行医院的预约挂号，大幅节省在医院排队挂号的时间。另外还能轻松了解到很多养生知识，学会制作各种美味的养生菜肴。

⬤ 9.1.1　春雨医生问病症

有时我们的身体会出现一些小毛病，不去管它，身体会不适，但是很多人又不想为了一点小问题就跑到医院，费时、费力。现在有了各种医疗类手机软件，再也不用为身体的小毛病烦恼了，在网上问医，在家中就能让身体恢复健康。

"春雨医生"软件致力于利用移动互联网的科技手段帮助人们掌握健康、延缓衰老、治疗病痛，中老年朋友经过简单的了解，可以很容易学会通过"春雨医生"软件进行问诊的操作方法。

01 在智能手机上下载并安装"春雨医生"手机软件，点击"春雨医生"图标（图9-1）。

02 进入"春雨医生"首页界面，点击"快速提问"选项（图9-2）。

03 进入"快速提问"界面，输入需要咨询的内容，点击"下一步"按钮（图9-3）。

04 进入"登录"界面后，给出了几种登录方式，这里以微信登录方式为例，点击微信按钮（图9-4）。

图 9-1

图 9-2

图 9-3

图 9-4

05 进入"微信登录"界面，点击"确认登录"按钮（图9-5）

06 进入"绑定手机"界面，输入手机号，点击"立即绑定"按钮（图9-6）。

图 9-5　　　　　　　　　　图 9-6

07 进入"验证手机号"界面，同时手机将收到验证码短信，在界面中输入验证码，点击"验证手机号"按钮（图9-7）。

08 验证通过后自动完成登录，并返回"快速提问"界面，点击"下一步"按钮（图9-8）。

09 出现"提问帮助"对话框，提示可以上传症状图片，这里点击"提交问题"按钮（图9-9）。

10 出现"新增健康档案"界面，依次输入相关资料，点击"创建档案并提交"按钮（图9-10）。

图 9-7

图 9-8

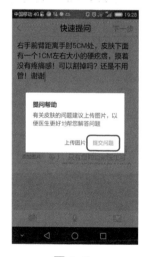

图 9-9

图 9-10

11 进入"选医生"界面，这里选择"系统指派医生"选项，点击"提问"按钮（图9-11），也可以自行选择医生。

12 进入"服务升级"界面，可以根据需要选择提问对象，也可以点击"跳过，直接提问"按钮（图9-12）。

图 9-11

图 9-12

13 进入"问题详情"界面，同时系统自动推荐一位医生提供咨询，咨询完毕后，点击"评价"按钮（图9-13）。

14 进入"评价医生"界面，根据实际情况给医生客观的点评，点击"提交"按钮（图9-14），即可完成本次咨询。

小提示

因为不能和医生进行面对面的问诊，所以，在描述直接的症状时，要尽可能详尽、清楚，也不要夸大病情，有症状照片的尽量传照片，方便医生全方位了解病情，从而给出较为准确的医疗意见和建议。

图 9-13

图 9-14

⬤◯ 9.1.2 预约挂号用手机

很多时候到医院就诊时，挂号、就诊和缴费都需要排队。由于中老年朋友身体机能比不上年轻人，排队挂号会加剧身体负担，使中老年朋友就诊变得更加困难。为了解决这一问题，如今医院都流行网上预约挂号。通过在智能手机中安装医院、挂号类的应用软件就可以实现医院预约挂号缴费的功能，如支付宝、微信等。这里通过"微信"软件讲解预约挂号的操作方法。

01 在智能手机桌面上点击"微信"图标（图9-15）。

02 进入微信界面，点击"我"图标（图9-16）。

03 进入相应界面，点击"钱包"选项（图9-17）。

04 进入"我的钱包"界面，点击"城市服务"图标（图9-18）。

图 9-15

图 9-16

图 9-17

图 9-18

05 进入"城市服务"界面，在"看病就医"选项中点击"挂号平台"选项（图9-19）。

06 进入"城市服务"的预约挂号界面，在"服务"中点击"预约挂号"选项（图9-20）。

图 9-19　　　　　　　　　　　　　图 9-20

07 进入预约挂号的"首页"界面，点击"我要挂号"按钮（图9-21）。

08 进入"预约挂号"界面，点击"选择医院"按钮（图9-22）。

09 根据需求选择城市和医院，完毕后点击"选择科室"按钮（图9-23）。

10 出现所有的科室门诊，选择要预约的门诊（图9-24）。

图 9-21

图 9-22

图 9-23

图 9-24

11 根据选择条件自动列出符合条件的医生，在手机屏幕上滑动，选择需要预约的医生（图9-25）。

12 进入"预约挂号"界面，可以查看医生的简介以及可以预约的时间，根据实际情况选择预约时间（图9-26）。

图 9-25

图 9-26

13 自动进入"完善预约挂号信息"界面，依次填写挂号信息，点击"确认预约"按钮（图9-27），支付成功后即可完成所选医院科室医生的预约挂号操作。

14 下次再使用预约挂号服务时，可以在"我的服务"中直接选择使用过的"预约挂号"，实现快速操作（图9-28）。

小提示

在预约挂号的过程中，注意挂号医院的地址和医院科室的选择，选择后注意认真核实，如果没有目标医生，可以通过推荐来比较。预约成功后，提前预留出行时间，做好就医前的准备工作。

图 9-27

图 9-28

 9.1.3 养生菜谱来保健

　　因为上了年纪，中老年朋友身体经常会有各种健康问题，例如，高血压、高血脂、骨质疏松等。除了服用常规药物和保健品，中老年朋友还可以通过食疗的方法进行养生保健，使用手机可以轻松学做各种养生菜，在家就可以吃到对应各种病症的养生菜了。

参考菜谱来做菜

01 下载并安装"养生菜谱"手机软件，在桌面上点击"养生菜谱"图标（图9-29）。

02 进入"养生菜谱"界面，可查看"菜谱分类"的各种选项，中老年朋友都比较注重养生，这里我们选择"功效"选项（图9-30）。

图 9-29   图 9-30

03 此时列出"功效"中的详细分类选项，按照不同功效排列，内容丰富，这里选择"降血脂"项目（图9-31）。

04 进入"降血脂"分类界面，同时显示了多个菜谱，在屏幕上滑动即可查看所有菜品，这里点击"洋葱炒蛋"（图9-32）。

05 进入洋葱炒蛋菜谱的"菜谱详情"界面，在屏幕上滑动，即可查看菜谱的介绍、主料、辅料、做法等详细的图文资料（图9-33）。

06 点击界面上方的"收藏"按钮（图9-34），即可将该菜谱添加到收藏夹，看完菜谱后，赶紧动手试一试吧。

图 9-31

图 9-32

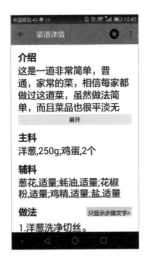

图 9-33

图 9-34

知名菜系要了解

01 返回"菜谱分类"界面，点击"菜系"选项（图9-35）。

02　进入"菜系"详细分类界面，可以查看到全国知名菜系以及国际知名菜系，选择一种菜系（图9-36）。

图 9-35

图 9-36

小提示

　　中国菜肴在烹饪中有许多流派，其中最有影响力和代表性的，也被社会所公认的有：鲁、川、粤、闽、苏、浙、湘、徽等菜系，即人们常说的"八大菜系"。

03　进入选择菜系的界面中，在界面上滑动，即可查看到该菜系的诸多菜谱（图9-37）。

04　选择一个菜谱，进入"菜谱详情"界面，可查看该菜谱的相关介绍和详细做法（图9-38）。

图 9-37

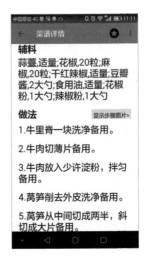

图 9-38

朋友之间可分享

中老年朋友遇到好的菜谱都想和好友分享，此时可以使用"分享"功能，将菜谱分享给好友，一起交流做菜心得，具体操作步骤如下。

01 进入要分享的"菜谱详情"界面，点击界面右上角的分享按钮（图9-39）。

02 在出现的菜单中包含"分享给微信好友""分享到微信圈""分享给QQ好友""分享到QQ空间"4个选项，点击"分享给微信好友"选项（图9-40）。

03 进入到微信好友的"选择"界面，选择需要分享的好友（图9-41）。

04 出现"发送给："对话框，输入分享的文字，点击"分享"按钮（图9-42），即可将菜谱分享给好友。

图 9-39

图 9-40

图 9-41

图 9-42

小提示

　　中老年朋友在学习做养生菜的过程中，要根据自身情况有选择性地做菜，注意食物与食物之间、食物与身体症状之间的相生相克。

9.2　适当锻炼身体好　　＋

　　人到了中老年，身体机能或多或少会有一些衰退，抵抗力也会随之下降。为了保养好自己的身体，可以通过适当的运动来使自己的身体恢复青春，如散步、打太极拳、跳广场舞等。不过，中老年朋友在运动锻炼的时候，一定要量力而行，可以使用一些健身类软件来提醒自己，以保障良好的运动心态和健康的锻炼方式。

9.2.1　步数排行比一比

　　计步软件可以统计人们行走的步数、距离、速度、时间等数据，从而测算出热量消耗的情况，以帮助人们统计每天的运动量。一般智能手机中都自带计步功能，下面将介绍用微信软件计步的具体操作方法。

01　在智能手机桌面上点击"微信"图标（图9-43）。

02　进入微信界面，在上方点击"搜索"按钮（图9-44）。

图 9-43

图 9-44

03 进入搜索界面，输入"微信运动"文本，点击"搜一搜"选项（图9-45）。

04 出现搜索结果列表，选择"微信运动"选项（图9-46）。

图 9-45

图 9-46

05 进入"详细资料"界面，查看到此时"微信运动"还未启动，点击"启动该功能"按钮（图9-47）。

06 启动"微信运动"功能后，在展开的列表中点击"进入微信运动"选项（图9-48）。

图 9-47

图 9-48

小提示

"微信运动"是由腾讯公司开发的一个类似计步数据库的公众号。用户可以通过关注微信运动公众号查看自己每天行走的步数，同时也可以和其他用户进行运动量的比赛或给他人点赞。在使用"微信运动"统计行走步数之前，需要开启GPS定位功能，依靠GPS定位获取的数据要更准确。

---

07 进入"微信运动"界面，点击"步数排行榜"按钮（图9-49）。

08　进入"排行榜"界面，在其中可以查看排行榜中好友的排名和步数，以及自己的排名和步数（图9-50）。

图 9-49

图 9-50

09　在好友步数后面点击心形按钮，即可为好友点赞（图9-51），同时好友可以看到你的点赞信息。

10　点选排行榜中的好友或者自己，即可进入好友的主页或"我的主页"界面，查看好友或自己一周步数的趋势图（图9-52）。

🔘 9.2.2　调节作息保健康

很多中老年朋友"晚上睡不着，早上醒得早"，作息时间不规律，导致没有较好的睡眠质量，身体总是在消耗，无法得到补充。为了更好地调整作息时间，可以使用"小睡眠"应用软件来帮忙。

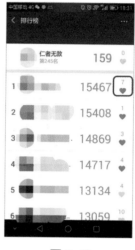

图 9-51

图 9-52

作息习惯设置好

01 下载安装"小睡眠"手机软件，在手机桌面上点击"小睡眠"图标（图9-53）。

02 进入小睡眠软件界面后，点击下方的"作息习惯"按钮（图9-54）。

03 进入"作息习惯"界面，选择"睡前准备"选项（图9-55）。

04 进入"小睡眠"应用的登录界面，其中有多种登录方式可供选择，这里点击"微信"按钮（图9-56）。

图 9-53

图 9-54

图 9-55

图 9-56

05 进入"微信登录"界面，点击"确认登录"按钮（图9-57）。

06 登录成功并自动返回"作息习惯"界面，点击"睡前准备"右侧的开启按钮（图9-58）。

图 9-57　　　　　　　　　　图 9-58

07 同时开启"睡前准备"和"入睡时间"选项，在"睡前准备"选项中点击"编辑"按钮（图9-59）。

08 进入"设置睡前准备"界面，在多种睡前准备中，最多可以选中3种睡前准备的事项，点击"马上开始"按钮（图9-60）。

09 进入"睡前准备"界面，点击"开始"按钮（图9-61）。

10 进入"睡前洗漱"倒计时界面，洗漱完毕后点击"进入下一项"按钮（图9-62）。

图 9-59

图 9-60

图 9-61

图 9-62

11 进入"轻松阅读"倒计时界面，开始倒计时（图9-63），完成后进入下一项睡前准备中。

12 进入"整理环境"倒计时界面，整理完毕后可以点击"提前结束"按钮 (图9-64) 。

图 9-63

图 9-64

13 进入"记录睡眠"界面中，在"24小时最近闹钟"选项中点击"前往设置"按钮 (图9-65) 。

14 首先设置闹钟时间为07：30，例如倒扣手机即开始记录，拿起手机时，手机会暂停记录，点击"长按结束"按钮可结束记录 (图9-66) 。

15 进入相应界面，即可查看到睡眠的数据 (图9-67) 。

16 返回"作息习惯"界面，在"入睡时间"选项中点击"编辑"按钮 (图9-68) 。

图 9-65

图 9-66

图 9-67

图 9-68

17　进入"入睡时间"界面，依次设置入睡时间、提醒铃声，如果怕自己错过了提醒，可以开启"严格模式"功能，设置完毕后点击返回按钮（图9-69）。

18 睡觉的时候只需点击"开始记录睡眠"按钮（图9-70），即可开始睡眠记录了。

图 9-69　　　　　　　　　　　　　　　图 9-70

助眠声音可选择

01 在"小睡眠"手机软件的首页界面中点击"官方推荐"按钮（图9-71）。

02 进入"官方推荐"界面后，点击"入睡困难"按钮（图9-72）。

03 在"入睡困难"列表中列出了入睡困难音乐的选项，选择其中一项，点击右侧的下载按钮（图9-73）。

04 下载完成后，点击右侧的播放按钮（图9-74）。

图 9-71

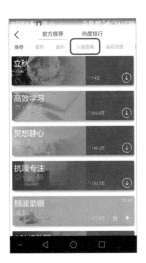

图 9-72

图 9-73

图 9-74

05 开始播放下载好的音乐，点击收藏按钮（图9-75）。

06 收藏按钮变成黄色，完成音乐的收藏操作（图9-76）。

图 9-75　　　　　　　　　　　图 9-76

【小技巧】电子手环来监控

中老年朋友的健康问题一直是社会普遍关注的话题，高血压、高血糖等问题对身体健康的威胁甚至上升到了生命层面。

一般情况下，有高血压、高血糖等症状的人们会定时到社区服务中心做检查，并将身体的变化及时告知医生。但是，对于情况较严重的或时间不充裕的中老年朋友来说，每天都去医院测血糖、血压是不现实的。于是智能电子手环设备（图9-77）成为了中老年朋友随身佩戴的必备器具。通过智能电子手环可以实现每日都能获取数据、监测健康的目的，让中老年朋友能够随时了解自己的身体状况。

电子手环是专门针对热爱运动、关注健康的人群制作的智能监测设备。除了常用的计步、睡眠监测功能外，有的智能手环还植入了测量血氧饱和度、心率、心电图、呼吸次数、体温等指标的功能。在体征有较大变化时，手环会分级别提醒佩戴者及其家人。在发生紧急情况时，手环会自动接通人工服务并通过定位呼叫 120 急救电话进行紧急救治，可谓守护生命健康的一大利器。

图 9-77